westermann

Verbrauch

Lernpaket Mathematik

Themenhefte:

Addieren und Subtrahieren
Multiplizieren und Dividieren
Geometrie
Sachrechnen und Größen

Beilagen:
Hundertertafel/Hunderterfeld, Einmaleins-Tafel, geometrische Formen, Rechengeld, Fachwörter und Redemittel, Lernuhr

ISBN 978-3-14-118110-4
9 783141 181104
www.westermann.de
953 635

Flex und Flo

Mathematik

2

Verbrauchsmaterial

Einmaleins-Spiel: Vier in einer Reihe

Spiel für zwei Kinder

Material:
zwei Zehnerwürfel
Wendeplättchen

Spielregel:
Ein Kind wählt rot, das andere Kind wählt blau.
Abwechselnd mit den beiden Würfeln würfeln.
Die gewürfelten Augenzahlen miteinander malnehmen.
Feld mit der Ergebniszahl mit einem Wendeplättchen in der eigenen Farbe belegen. Ist das Feld besetzt, kannst du nicht legen.
Wer zuerst vier Felder neben- oder untereinander belegt hat, gewinnt.

1	2	3	4	5	6	7
8	9	10	12	14	15	16
18	20	21	24	25	27	28
30	32	35	36	40	42	45
48	49	50	54	56	60	63
64	70	72	80	81	90	100

Illustration: Karoline Kehr

Große Einmaleins-Tafel

·	1	2	3	4	5
1					
2					
3					
4					
5					
6					
7					
8					
9					
10					

	6	7	8	9	10

Illustration: Heike Heimrich

Einmaleins-Spiel: Würfel-Einmaleins

Spiel für zwei Kinder

Material:
zwei Würfel
Wendeplättchen

Spielregel:
Ein Kind wählt rot, das andere Kind wählt blau.
Abwechselnd mit den beiden Würfeln würfeln.
Die gewürfelten Augenzahlen miteinander malnehmen.
Feld mit dem Ergebnis mit einem Wendeplättchen in der eigenen Farbe belegen. Ist das Feld besetzt, kannst du nicht legen.
Wer die meisten Felder belegt, gewinnt.

Illustration: Heike Heimrich

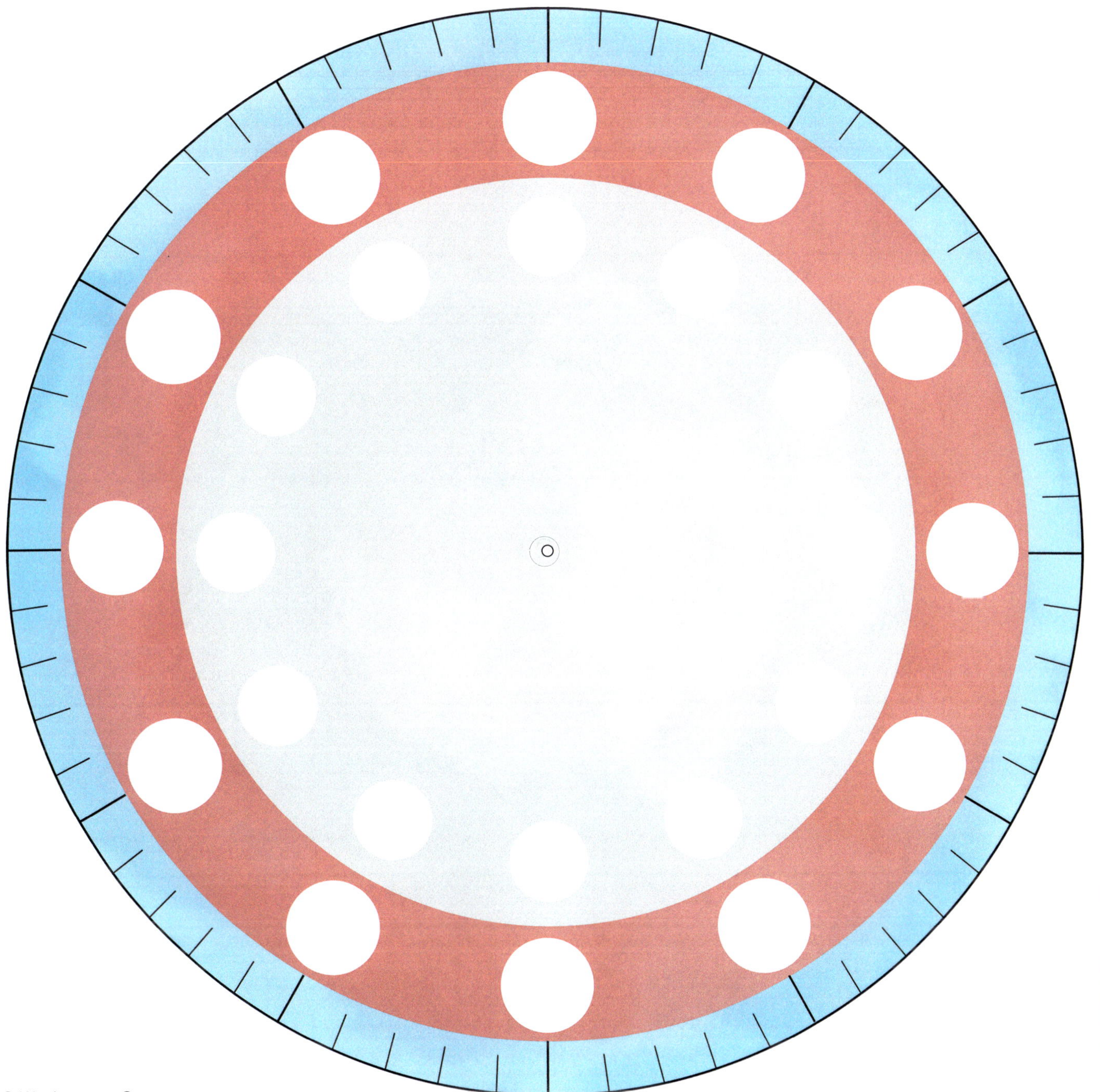

Illustrationen: Angelika Ciluk

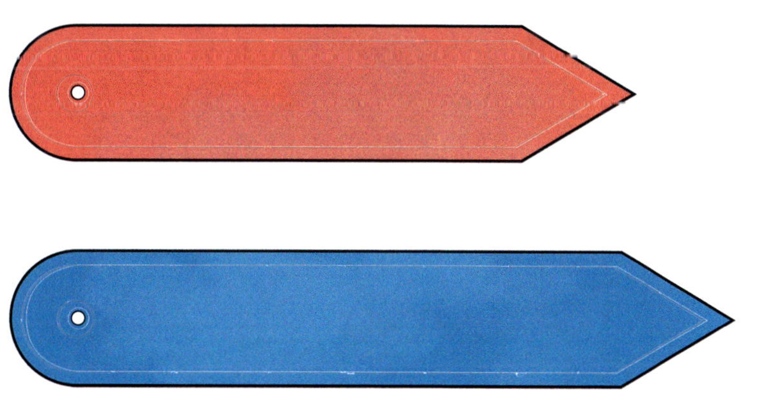

953.625

westermann

Fachwörter und Redemittel

Name:

Mein Wortspeicher Mathematik

Illustration: Karoline Kehr

Flex und Flo

Mathematik

2

953.609

Addieren und Subtrahieren

Zahlen bis 100

Zehner Einer

Z	E
3	6

3 Zehner + 6 Einer,
also 36

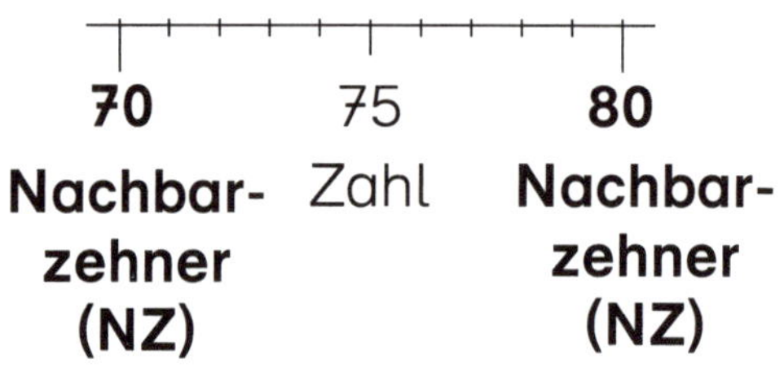

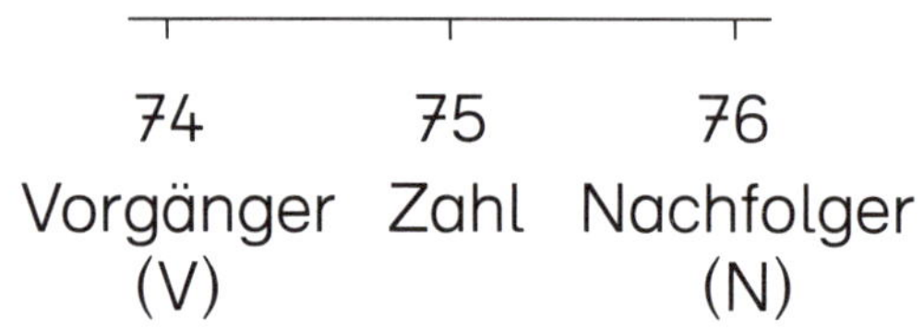

Addieren und subtrahieren

Grundaufgabe

4 + 2	9 − 5
34 + 2	59 − 5
84 + 2	79 − 5

Aufgabenmuster

64 − 6 = 58
54 − 6 = 48
44 − 6 = 38

Die erste Zahl wird immer um 10 kleiner.
Die zweite Zahl bleibt immer gleich.
Das Ergebnis wird immer um 10 kleiner.

Ungleichungen

34 + 2 < 39
24 + 2 > 18
65 − 3 > 50

Gleichungen

34 − 1 = 35 − 2
50 + 3 = 40 + 13

addieren

15 + 6 = 21
↑
Summe

subtrahieren

36 − 8 = 28
↑
Differenz

Abbildungen: Karoline Kehr, Hamburg (Gläser mit Murmeln, Murmeln)

Sachrechnen und Größen

Geld

Euro und **Cent**

1 Euro hat 100 Cent.
1 € = 100 ct

€ Euro
ct Cent

Zeit

Stunde und **Minute**

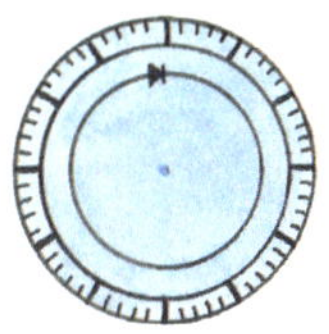

1 Stunde hat 60 Minuten.
1 h = 60 min

h Stunde
min Minute
s Sekunde

Uhrzeit ablesen

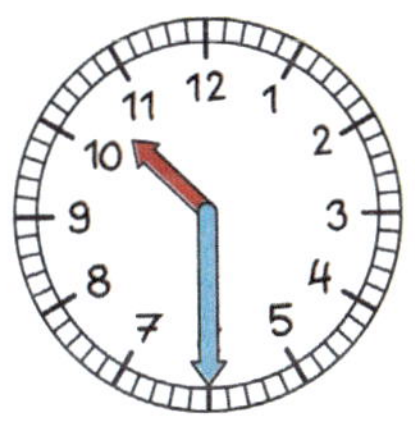

10.30 Uhr
22.30 Uhr

10 Uhr 30 vormittags
oder
22 Uhr 30 abends

Viertel nach 12

12.15 Uhr
0.15 Uhr

halb 1

12.30 Uhr
0.30 Uhr

Viertel vor 1

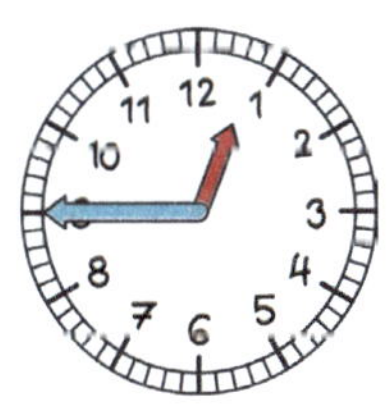

12.45 Uhr
0.45 Uhr

Abbildungen: Bundesministerium der Finanzen, Berlin (Euro- und Cent-Münze); Angelika Citak, Wipperfürth (Uhren)

Längen

Meter und **Zentimeter**

1 Meter hat 100 Zentimeter.
1 m = 100 cm

Schrittlänge

1 m

Daumenbreite

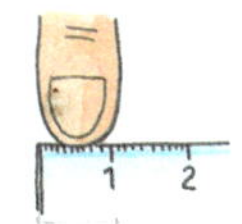

1 cm

m Meter
cm Zentimeter

Sachrechnen – Daten und Zufall

sicher, möglich, unmöglich

Sicher ist:
Tim zieht nur rote und gelbe Kugeln.

Möglich ist:
Tim zieht eine gelbe Kugel.

Unmöglich ist:
Tim zieht eine blaue Kugel.

Abbildungen: Angelika Citak, Wipperfürth (Schrittlänge, Daumenbreite, Kind mit Kugelurne); Karoline Kehr, Hamburg (1-Meter-Lineal)

Addieren und subtrahieren mit Überschreiten

37 + 8

Erst 3 dazu bis 40, dann noch 5.

3 7 + 8 = ___
3 7 + 3 = 4 0
3 7 + 5 = 4 5

Erst bis zum Zehner, dann weiter.

62 − 7

Erst 2 weg bis 60, dann noch 5.

6 2 − 7 = ___
6 2 − 2 = 6 0
6 0 − 5 = 5 5

Erst zurück zum Zehner, dann weiter.

37 + 9

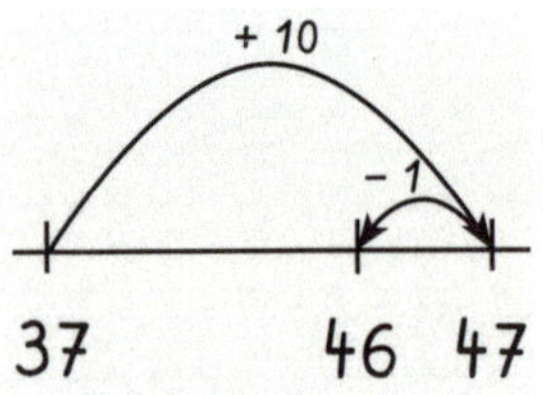

Erst die Nachbaraufgabe 37 + 10, dann 1 weg.

74 − 9

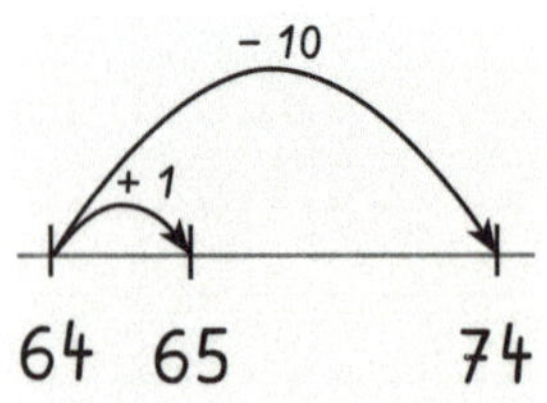

Erst die Nachbaraufgabe 74 − 10, dann 1 dazu.

Addieren und subtrahieren zweistelliger Zahlen

34 + 23

Erst plus 20, dann plus 3.

3 4 + 2 3 = ___
3 4 + 2 0 = 5 4
5 4 + 3 = 5 7

3 4 + 2 3 = ___
3 4 + 3 = 3 7
3 7 + 2 0 = 5 7

Erst die Einer dazu, dann die Zehner.

Erst die Zehner dazu, dann die Einer.

69 − 45

Erst minus 40, dann minus 5.

6 9 − 4 6 = ___
6 9 − 4 0 = 2 9
2 9 − 6 = 2 3

6 9 − 4 6 = ___
6 9 − 6 = 6 3
6 3 − 4 0 = 2 3

Erst die Einer weg, dann die Zehner.

Erst die Zehner weg, dann die Einer.

Multiplizieren und Dividieren

Malaufgaben

3 **mal** 6

3 · 6

Aufgabe	**Tauschaufgabe**
2 · 4 = 8	4 · 2 = 8

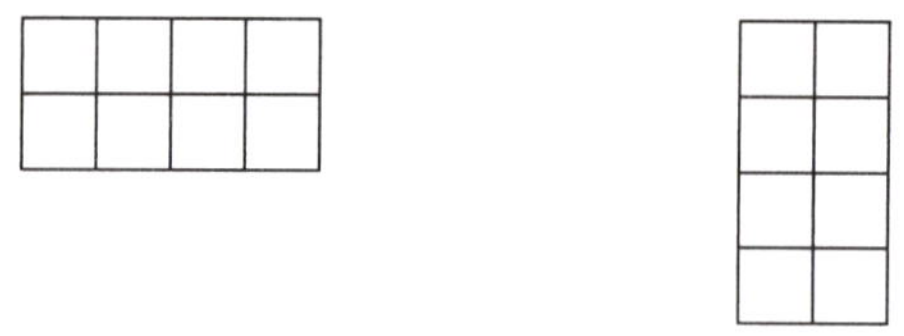

Verdoppeln, verfünffachen und verzehnfachen

Das **Doppelte**

1 · 3 = 3

2 · 3 = 6

Das Doppelte von 3 ist 6.

Das **Fünffache**

1 · 3 = 3

5 · 3 = 15

Das Fünffache von 3 ist 15.

Das **Zehnfache**

1 · 3 = 3

10 · 3 = 30

Das Zehnfache von 3 ist 30.

Quadratzahlen

1 · 1 = 1 **Quadratzahl** 1

2 · 2 = 4 **Quadratzahl** 4

3 · 3 = 9 **Quadratzahl** 9

…

Abbildungen: Karoline Kehr, Hamburg (Kisten mit Melonen)

Rechnen mit Blitzaufgaben

9 · 4 = __

9 · 4 = __
10 · 4 = 40
1 · 4 = 4

Erst die Blitzaufgabe 10 · 4, dann noch 1 · 4 weg.

6 · 4 = __

6 · 4 = __
5 · 4 = 20
1 · 4 = 4

Erst die Blitzaufgabe 5 · 4, dann noch 1 · 4 dazu.

Geteiltaufgaben

8 **geteilt durch** 2

8 : 2

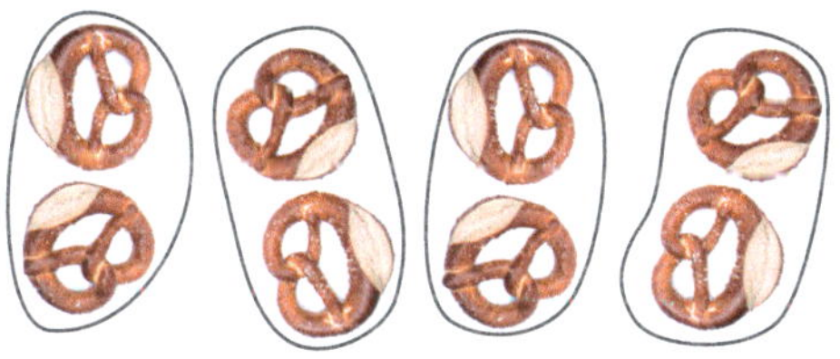

8 Brezeln, immer 2 in eine Tüte.

8 Kekse, verteilt auf 2 Teller.

16 : 2 = __

16 : 2 = 8

16 : 2 = 8, denn 8 · 2 = 16

Rest

17 : 5 = 3 Rest 2

17 : 5 = 3 R 2

2 bleiben übrig.

Multiplizieren und dividieren

5 · 9 = 45 **Aufgabe**
45 : 9 = 5 **Umkehraufgabe**

Multiplizieren heißt malnehmen.

Dividieren heißt geteilt rechnen.

Körper

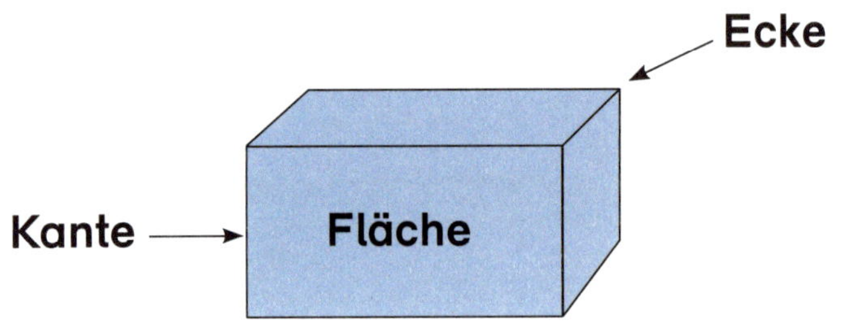

Flächen

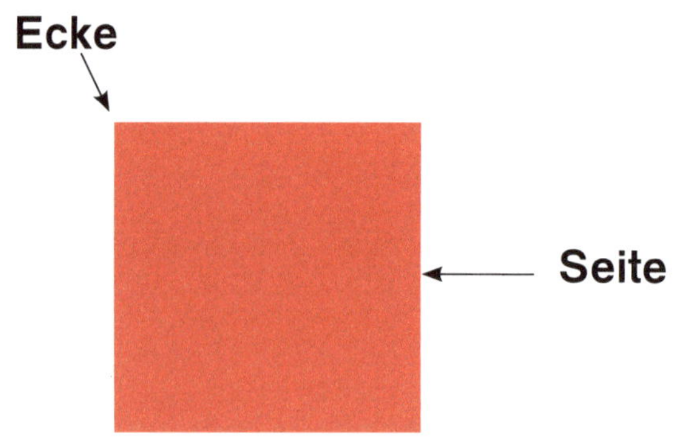

Ansichten

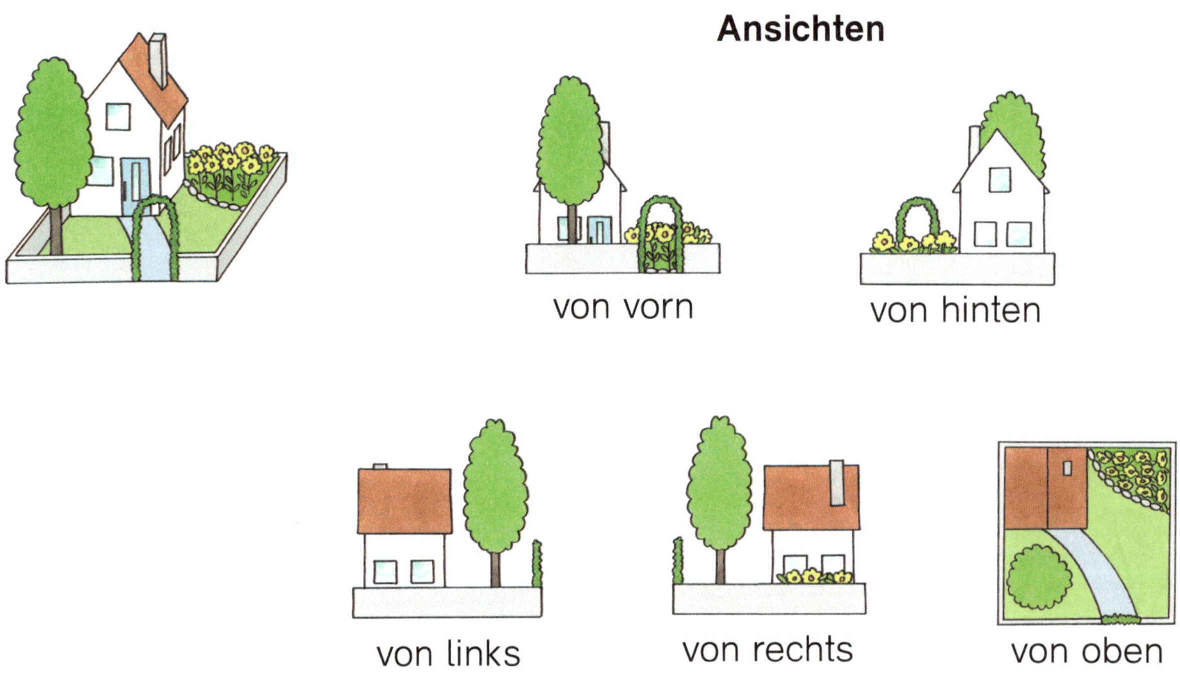

Symmetrie

Die Figur ist
symmetrisch.

Die Figur hat
eine **Spiegelachse**.

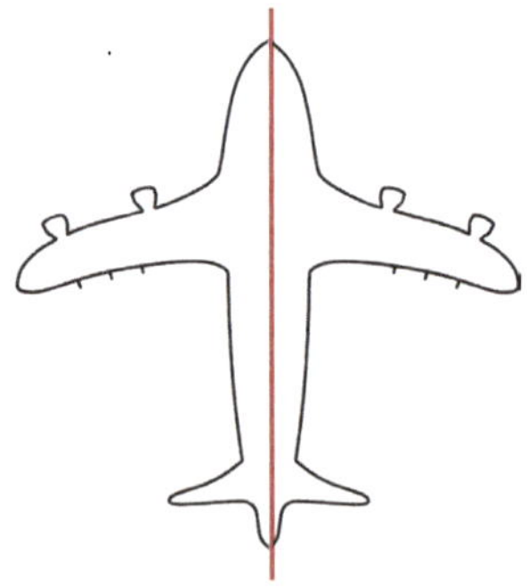

Abbildungen: Angelika Citak, Wipperfürth (Ansichten); Karoline Kehr, Hamburg (Flugzeug)

westermann

Sachrechnen und Größen

Erarbeitet von

Judith Beerbaum, Sina Buchborn-Hofer, Antonia Dehne, Catharina Fritz, Anja Göttlicher, Katrin Klöckner, Sarah Pfleger, Britta Wettels und Stephanie Zippel

in Zusammenarbeit mit der Westermann-Grundschulredaktion

Unter Beratung von

Henrieke Peter

Illustriert von

Angelika Citak und Karoline Kehr

Flex und Flo
Mathematik
2

Zeichenerklärung

Schreibe ins Heft.

Male/Zeichne mit der entsprechenden Farbe.

Streiche durch, was nicht passt.

Ordne zu.

Kreise ein.

Kreuze an.

Benutze Material.

Bearbeite die Aufgabe in Partnerarbeit.

Addieren heißt plus rechnen. — Hier steht ein neues Fachwort.

Grundaufgabe 2 + 2 = 4, also 32 + 2 = 34 — Hier steht ein neues Fachwort oder ein neues Beispiel, wie du über Mathematik sprechen kannst.

Verweis auf passenden Diagnosetest im Flex und Flo Diagnoseheft 2, ISBN 978-3-14-118149-4

15 A-E — Verweis auf passende herausfordernde Aufgaben in der Flex und Flo Entdeckerkartei 2, ISBN 978-3-14-1118161-6

S. 51 — Verweis auf passende Interaktive Übungen im Flex und Flo Trainingsheft Interaktiv 2 WEB-14-118180

Aufgabe aus dem Anforderungsbereich I
Reproduzieren: erfordert Grundwissen und das Ausführen von Routinetätigkeiten

Aufgabe aus dem Anforderungsbereich II
Zusammenhänge herstellen: erfordert das Erkennen und Nutzen von Zusammenhängen

Aufgabe aus dem Anforderungsbereich III
Verallgemeinern und Reflektieren: erfordert komplexe Tätigkeiten wie Strukturieren, Entwickeln von Strategien, Beurteilen und Verallgemeinern

Einführung von Fachwörtern oder Redemitteln
Eine Sammlung der im Heft eingeführten Fachwörter und Redemittel zum Nachschlagen findet sich auf der letzten Doppelseite und der Beilage „Fachwörter und Redemittel 2“. Die Beilage ist als Nachkaufset erhältlich. ISBN 978-3-14-118186-6

Medienbildung und Mathematiklernen verbinden
Anregung zur Bearbeitung mathematischer Lerninhalte mit digitalen Werkzeugen

Tipp zur Verknüpfung der Themenhefte

Inhaltsverzeichnis

Unser Geld – Euro und Cent

1 Was kann es kosten? Schreibt Preise auf.

7 €

Zum Bild erzählen.

1 **Recherche:** Preise von Strandartikeln ermitteln, mit eigenen Schätzungen vergleichen.

Vorherige Bearbeitung Themenheft Addieren und Subtrahieren bis S. 28 empfohlen.

Datum: ______________

1 Wie teuer ist es? Lege mit Rechengeld.
Male die Scheine und Münzen in dein Heft.

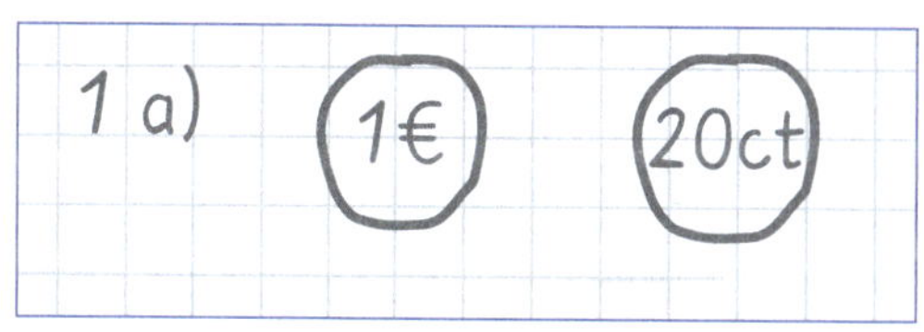

a) 
b) 
c) 

d) 

e) 
f) 

g) 

2 Was würdest du kaufen?
Schreibe in dein Heft und male die Scheine und Münzen.

Recherche: Preise von Schreibwaren ermitteln, ggf. für ein Merkplakat nutzen:
Was kostet ungefähr 50 ct, 1 €, 10 €, ...?

Unser Geld – Cent

Datum: ______________

1

____ ct

____ ct

____ ct

____ ct

____ ct

____ ct

2 Lege mit Rechengeld und male.

75 ct

99 ct

32 ct

3 Immer 50 Cent.

4 Lege mit Rechengeld, dein Partnerkind kontrolliert.
Wechselt euch ab.

18 ct	7 ct	32 ct
51 ct	76 ct	89 ct

5 Immer vier Münzen:

77 ct	30 ct
37 ct	41 ct
82 ct	64 ct
50 ct	95 ct

19 A-C

2–5 Beträge mit Rechengeld legen. **3** Betrag verschieden legen, dann malen.

Unser Geld – Euro und Cent

Datum: ______________

1 Lege wie Flex immer 1 Euro mit Cent-Münzen.
Findest du vier verschiedene Möglichkeiten?

2

_____ €

_____ €

_____ €

_____ €

_____ €

1 Euro hat
100 Cent.
1 € = 100 ct

3 Aufgepasst!

_____ € _____ ct

_____ € _____ ct

_____ € _____ ct

S. 58

2 Immer 1 Euro einkreisen und Gesamtbetrag notieren.

Datum: ____________

1

_____ €

_____ €

_____ €

_____ €

_____ €

_____ €

2 Lege mit Rechengeld, dein Partnerkind kontrolliert. Wechselt euch ab.

12 € 19 € 25 € 43 € 50 € 33 € 81 € 74 € 99 €

3 Welche Münzen und Scheine sind es?

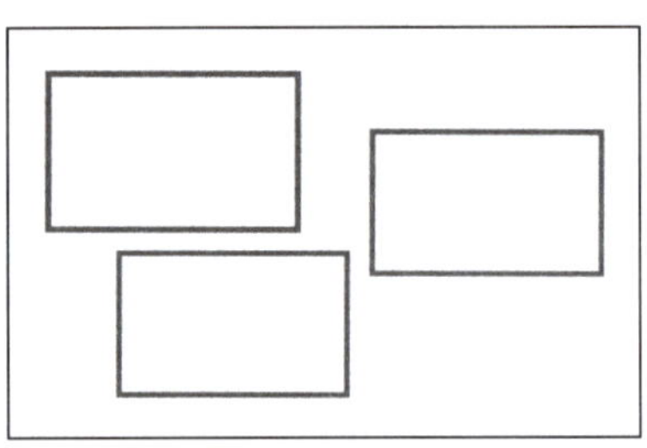

20 €

77 €

45 €

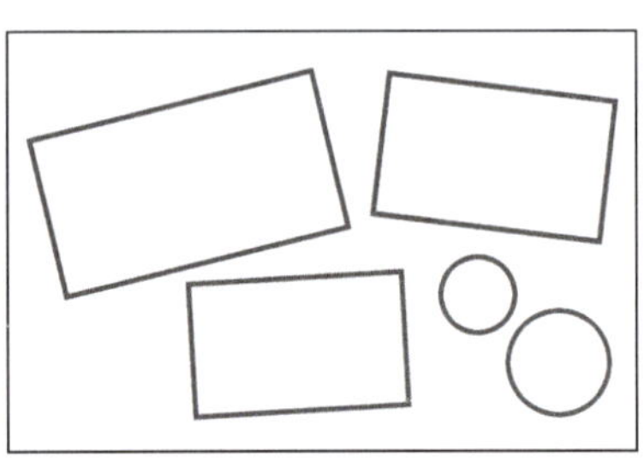

78 €

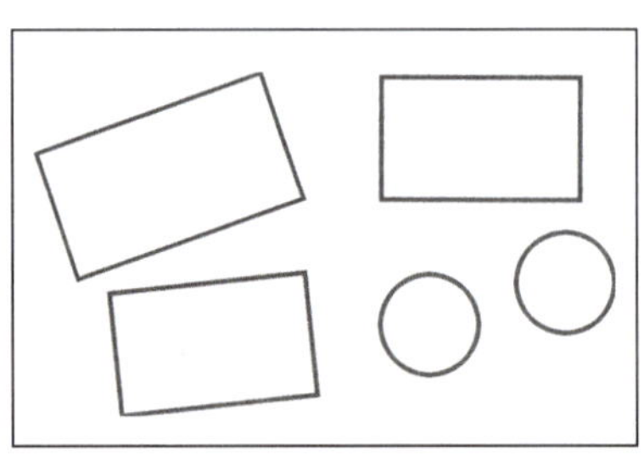

94 €

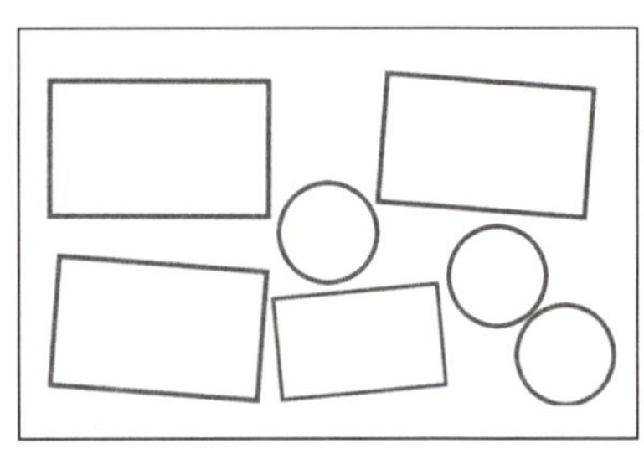

101 €

2–3 Mit Rechengeld legen.

Fotografie: Geldbeträge legen, fotografieren und Fotos ausdrucken. Beträge separat notieren, ein Paarspiel für die Klasse erstellen.

Datum: ______

1 Was stimmt? Kreuze an.

Mia hat _____ €

Sam hat _____ €

Esa hat _____ €

- ☐ Sam hat das meiste Geld.
- ☐ Mia und Esa haben gleich viel Geld.
- ☐ Mia hat mehr Geld als Sam.
- ☐ Esa hat mehr Geld als Mia.

2 Wer hat das meiste Geld? Kreuze an.

Ole ☐

_____ € _____ ct

Lukas ☐

_____ € _____ ct

Marie ☐

_____ € _____ ct

3 Was stimmt? Kreuze an.

Max

_____ € _____ ct

Anna

_____ € _____ ct

Nisa

_____ € _____ ct

- ☐ Max hat das meiste Geld.
- ☐ Max hat 10 ct mehr als Anna.
- ☐ Nisa hat das meiste Geld.
- ☐ Nisa hat 30 ct mehr als Max.

4

Lea hat 5 € 75 ct. Tom hat 5 € 25 ct.

Jan hat 7 € 59 ct. Yun hat 7 € 95 ct.

Lea hat _____ ct mehr als Tom.

Yun hat _____ ct mehr als Jan.

S1

S. 50

Einkaufen – Bezahlen

Datum: ____________

1 Wie kannst du bezahlen?

 24 €

 ☐

 ☐

2

Greta kauft	Oskar kauft	Lena kauft
6 € 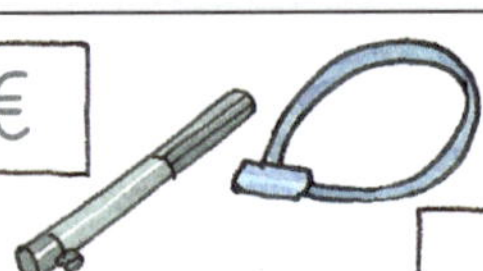 ☐	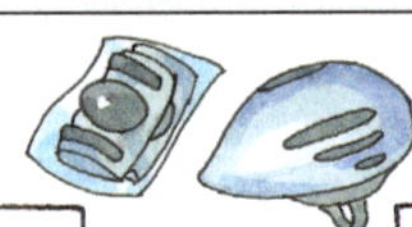 ☐ ☐	 ☐ ☐
6 € +		
Greta muss ______ bezahlen.	Oskar muss ______ bezahlen.	Lena muss ______ bezahlen.

3 Was willst du kaufen?

Ich muss ______ bezahlen.	Ich muss ______ bezahlen.

S. 60

1–3 Rechengeld verwenden.
1 Preise eintragen, Beträge malen. 3 Eigene Aufgaben finden.
Vorherige Bearbeitung Themenheft Addieren und Subtrahieren bis S. 63 empfohlen.

Datum: ____________

1

Sofie hat	Sofie kauft	Zurück
	 15 €	____

Jakob hat	Jakob kauft	Zurück
		____

2

Elif hat	Elif kauft	Zurück
		____

16 € + ____________

Berken hat	Berken kauft	Zurück
		____

____

3

Merve hat	Merve kauft	Zurück
		____

____

Lukas hat	Lukas kauft	Zurück
		____

____

4

Ich habe	Ich kaufe	Zurück
		____

5 Schreibe eine Rechengeschichte für dein Partnerkind in dein Heft.
Dein Partnerkind löst sie.

1–4 Rechengeld verwenden.
1–3 Preise eintragen, Rückgeld berechnen und malen. 5 Eigene Aufgabe finden.

S. 61

Datum: ____________

1 Wie viel kostet es zusammen? Schreibe die Rechnung und die Antwort auf.

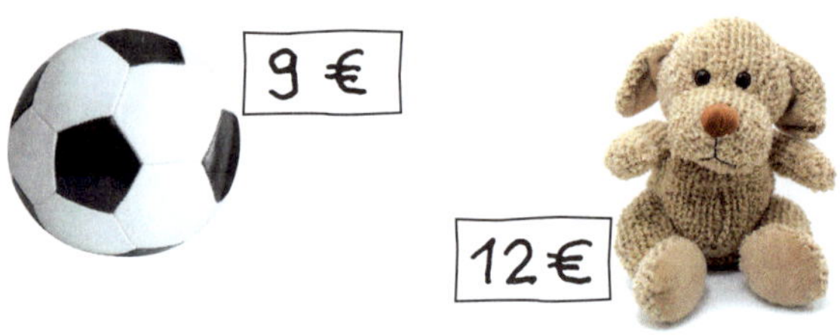

9 € + ____________

Zusammen kostet es ____________

____

Zusammen ____________

2

Paula kauft die Lampe und den Helm. Wie viel muss sie bezahlen?

____

Paula muss ____________

____

Finn kauft die Puppe und den Ball. Wie viel muss er bezahlen?

____

____

____

3

20 € − 5 € = 15 €	50 € − 36 € = ______	100 € − 91 € = ______
20 € − 17 € = ______	50 € − 41 € = ______	100 € − 63 € = ______
20 € − 11 € = ______	50 € − 19 € = ______	100 € − 95 € = ______

4

50 € − ______ = 46 €	70 € − ______ = 6 €	46 € + ______ = 50 €
30 € − ______ = 29 €	90 € − ______ = 9 €	29 € + ______ = 100 €
14 € + ______ = 20 €	41 € + ______ = 50 €	50 € − ______ = 41 €
37 € + ______ = 40 €	73 € + ______ = 80 €	60 € − ______ = 18 €

Einkaufen – Preise berechnen

Datum: ____________

1 Bestimme die Preise.

Gekauft	Bezahlt
	18 €
	14 €

Ein Buch kostet ____ €,
eine Puppe kostet ____ €.

Gekauft	Bezahlt
	14 €
	11 €

Ein Farbkasten kostet ____ €,
ein Pinsel kostet ____ €.

2

Gekauft	Bezahlt
	20 €
	12 €

Ein Teddy kostet ____ €,
ein Ball kostet ____ €.

Gekauft	Bezahlt
	10 €
	19 €

Eine Lok kostet ____ €,
ein Auto kostet ____ €.

3 Fabio kauft zwei Mützen und vier Paar Socken. Er bezahlt 32 €.
Marta kauft zwei Mützen und sechs Paar Socken. Sie bezahlt 44 €.
Wie teuer ist eine Mütze? Wie teuer ist ein Paar Socken?

S2

20 A - Γ

Datum: ______________

1 Was gehört zusammen?

Armbanduhr

Sanduhr

Stoppuhr

Eieruhr

Wecker

Digitaluhr auf dem Handy

Bahnhofsuhr

Sonnenuhr

Smartwatch

2 Wann braucht man diese Uhren?

3 Welche Uhrzeiten sind für dich wichtig? Warum?

3 Uhrzeiten an der Lernuhr einstellen und dazu erzählen.

Vorherige Bearbeitung Themenheft Addieren und Subtrahieren bis S. 36 empfohlen.

Datum: ____________

1 Es ist 7 Uhr. Immer 5 Minuten mehr.

7 Uhr

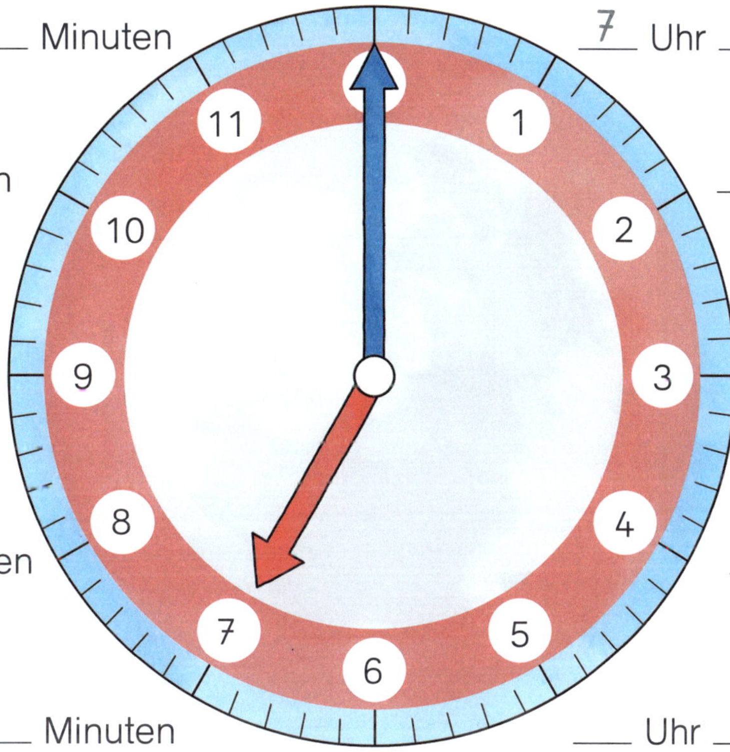

7 Uhr 5 Minuten

7 Uhr ___ Minuten

___ Uhr ___ Minuten

___ Uhr ___ Minuten

___ Uhr ___ Minuten

___ Uhr ___ Minuten

___ Uhr ___ Minuten

___ Uhr ___ Minuten

___ Uhr ___ Minuten

___ Uhr ___ Minuten

___ Uhr ___ Minuten

2 Wie viele Minuten sind vergangen?

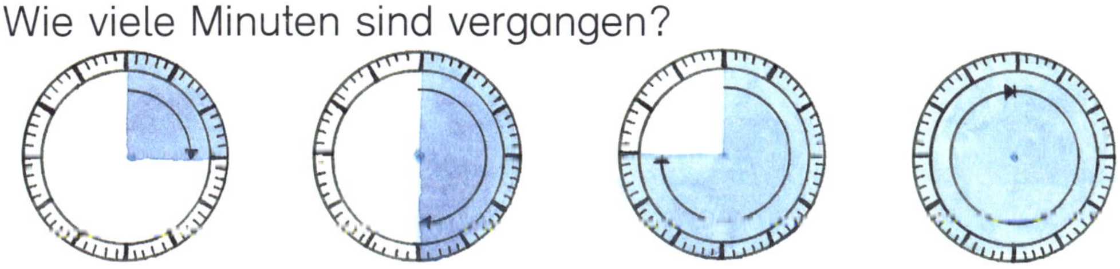

____ Minuten ____ Minuten ____ Minuten ____ Minuten

1 Stunde hat 60 Minuten.
1 h = 60 min

3 Wie viele Minuten sind vergangen?

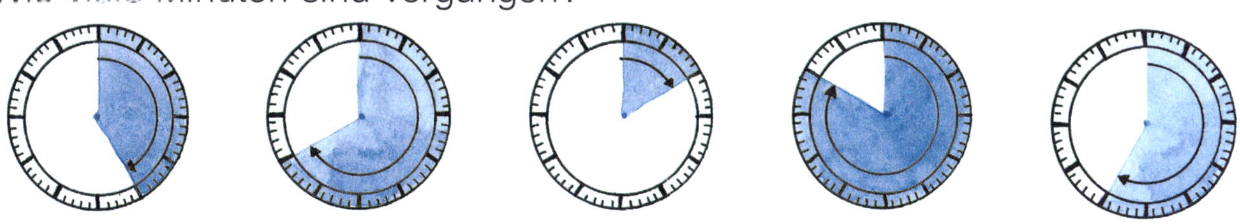

____ Minuten ____ Minuten ____ Minuten ____ Minuten ____ Minuten

1 Uhrzeiten an der Lernuhr einstellen. **Videoaufnahme:** Erklärfilm zum Aufbau der analogen Uhr und zum Einstellen von Uhrzeiten (exemplarische Beispiele) aufnehmen.

S. 62

Datum: ______________

1

halb 1

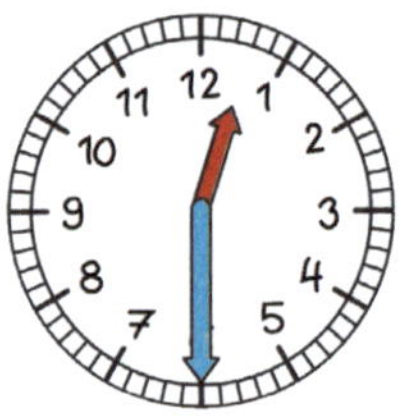

0.30 Uhr

12.30 Uhr

halb 2

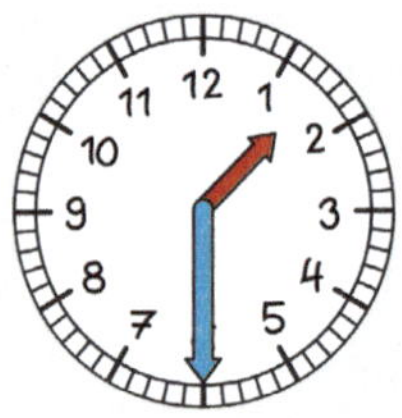

____

____

halb 8

____

____

halb 12

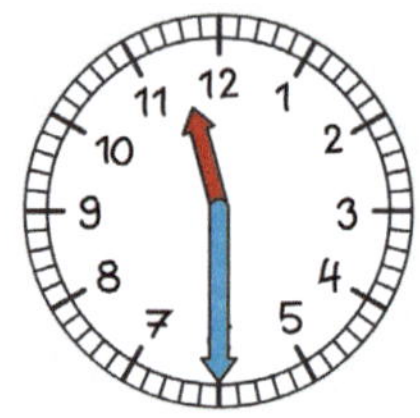

____

____

2

Viertel nach 12

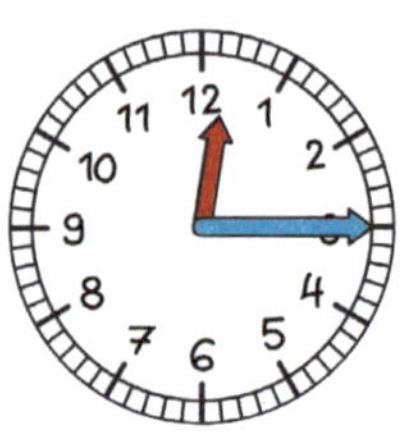

0.15 Uhr

12.15 Uhr

Viertel nach 3

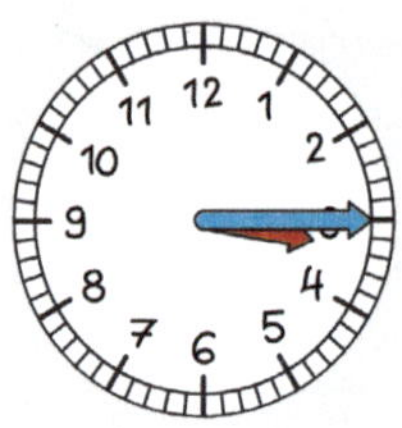

____

____

Viertel nach 5

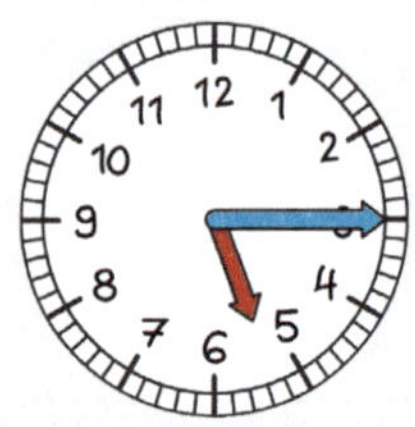

____

____

Viertel nach 9

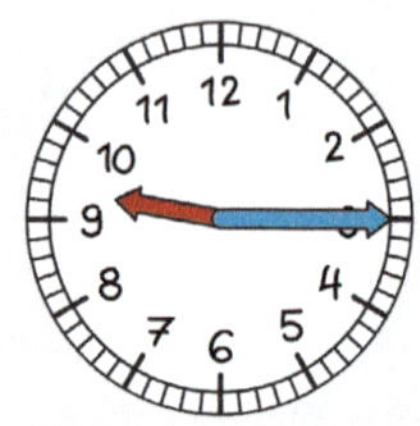

____

____

3

Viertel vor 1

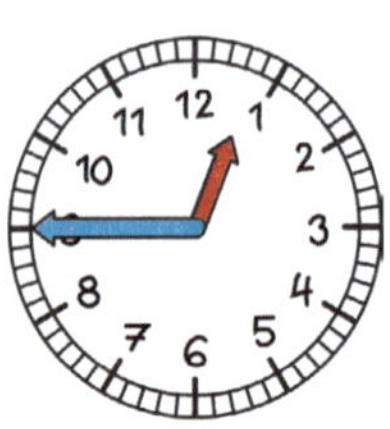

0.45 Uhr

12.45 Uhr

Viertel vor 6

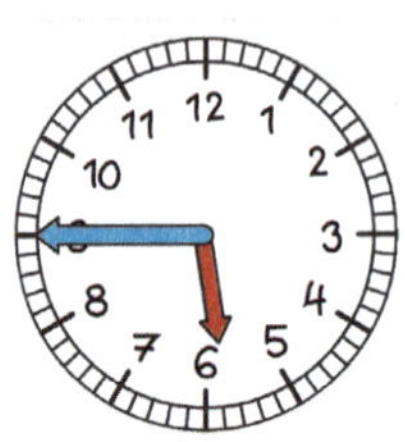

____

____

Viertel vor 8

____

____

Viertel vor 11

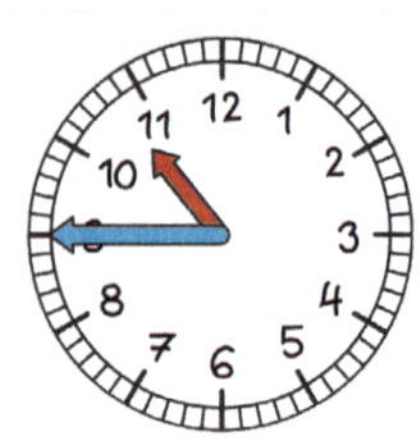

____

____

S. 63

Zeit – Uhrzeiten

Datum: ____________

1 Gib beide Uhrzeiten an.

____

____

7.00 Uhr

19.00 Uhr

7.05 Uhr

____

____

____

____

____

____

____

____

____

____

____

____

____

____

____

____

____

____

____

Partnerarbeit: Weitere Uhrzeiten an der Lernuhr einstellen und beide Uhrzeiten angeben.

Zeit – Uhrzeiten

Datum: ______________

1

halb 3

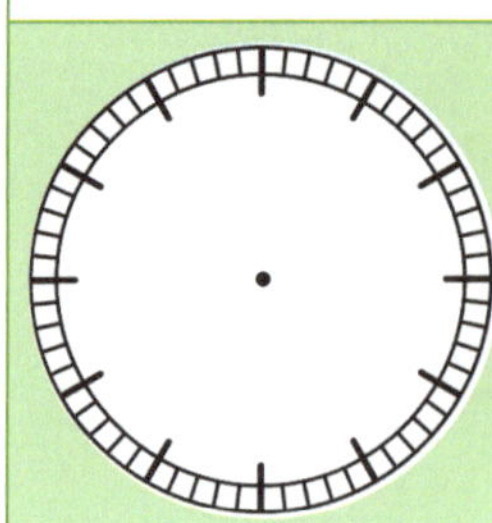

halb 6

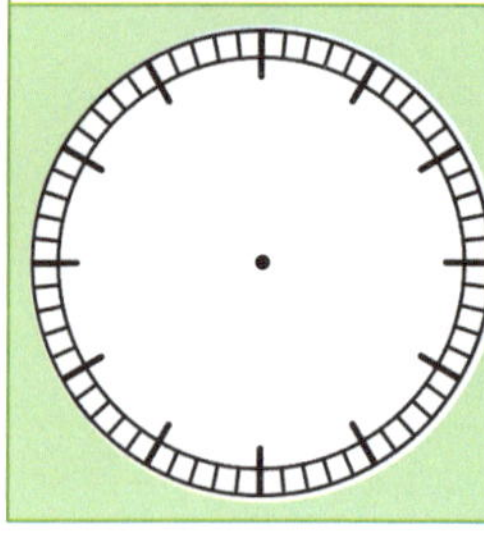

2

6.15 Uhr

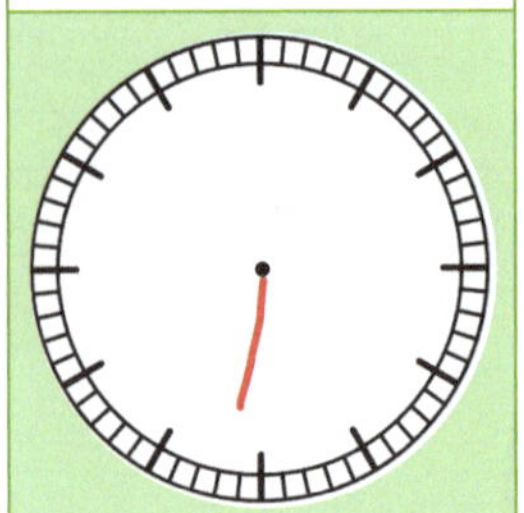

13.15 Uhr

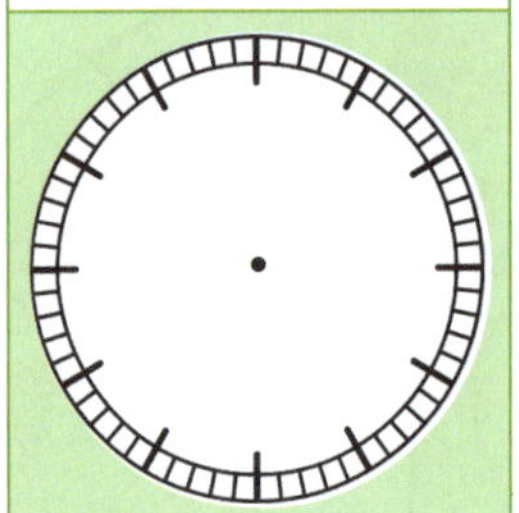

9.15 Uhr

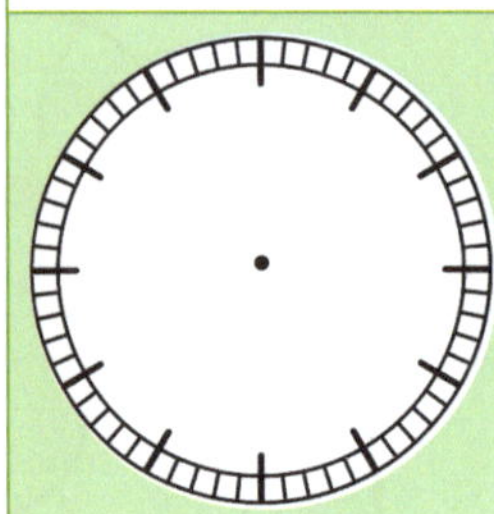

22.15 Uhr

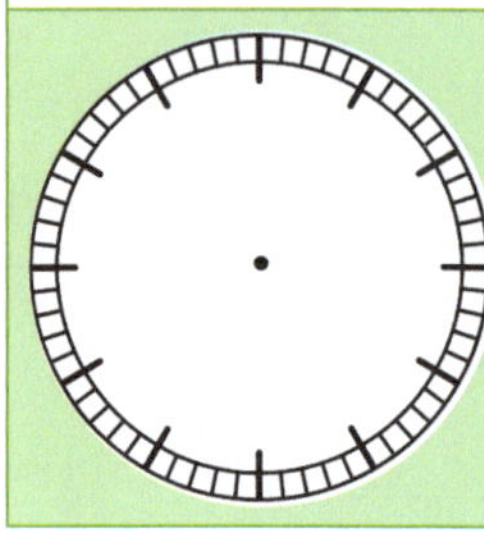

3

10.45 Uhr

15.45 Uhr

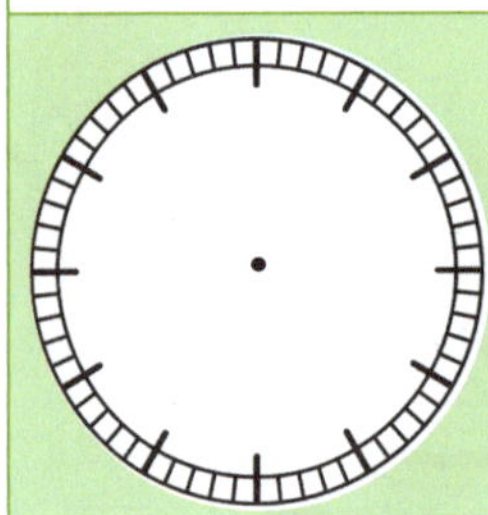

7.45 Uhr

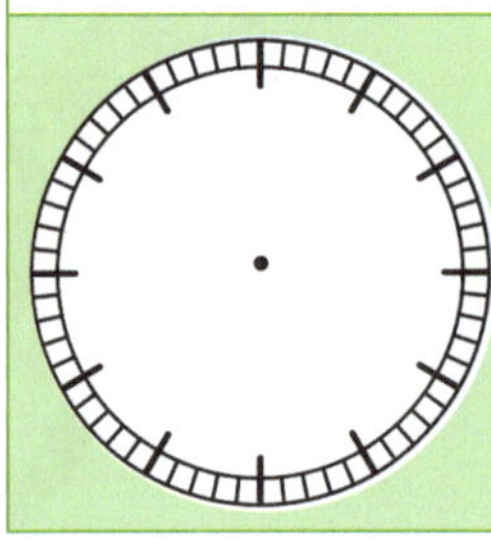

12.45 Uhr

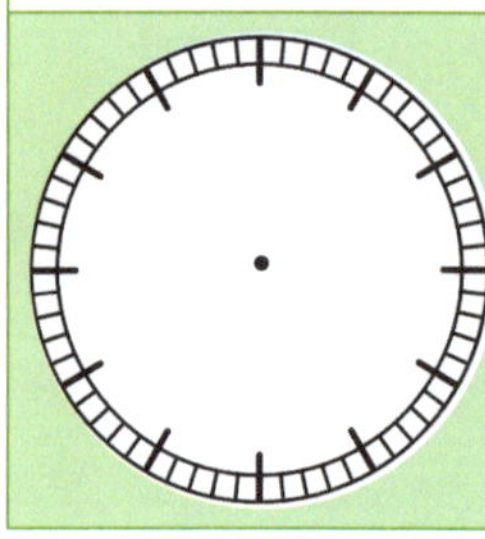

4 Welche Digitaluhr zeigt die richtige Zeit? Streiche durch, was nicht passt.

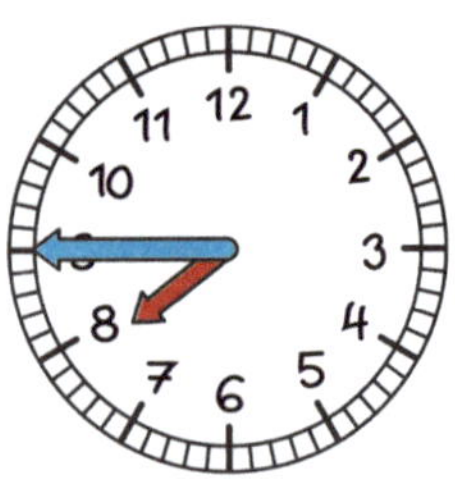

7:30
8:45
7:45

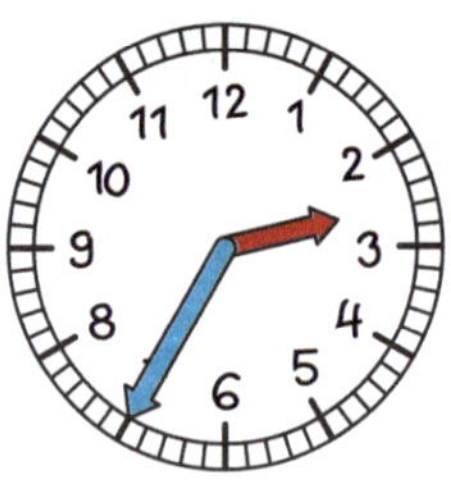

13:35
14:35
14:25

11:05
12:05
11:55

5 Aufgepasst!

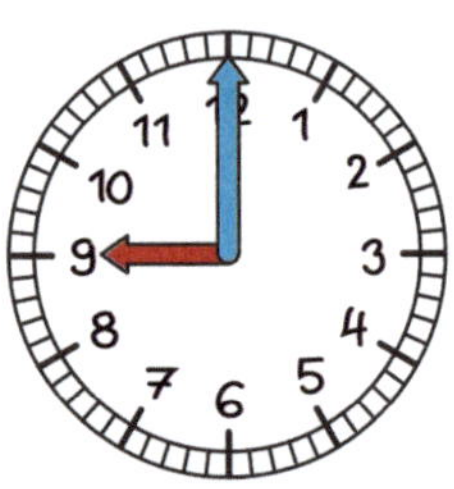

9:00
19:00
21:00

1:45
11:45
13:45

16:30
6:30
4:30

S. 63

Datum: ____________

1 Wie lange dauert es?

14.00 Uhr —2 Stunden→ ______ Uhr

______ Uhr ——→ ______ Uhr

______ Uhr ——→ ______ Uhr

______ Uhr ——→ ______ Uhr

2[2] Wie viele Stunden sind vergangen?

a)

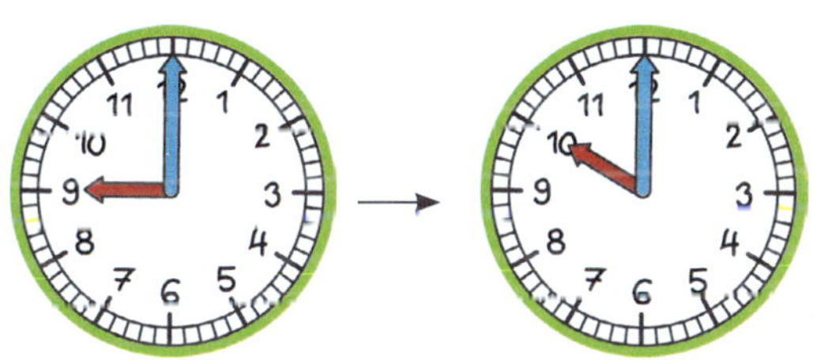

9.00 Uhr ——→ 10.00 Uhr

b)

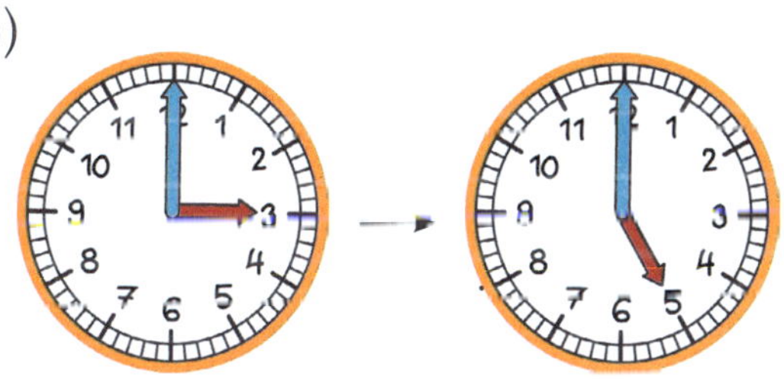

______ Uhr ——→ ______ Uhr

c)

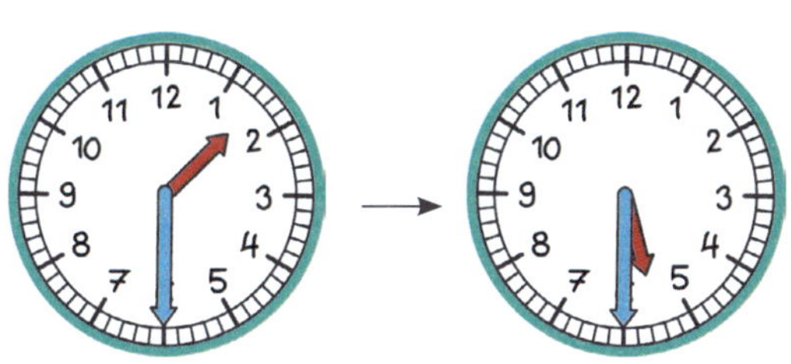

______ Uhr ——→ ______ Uhr

d)

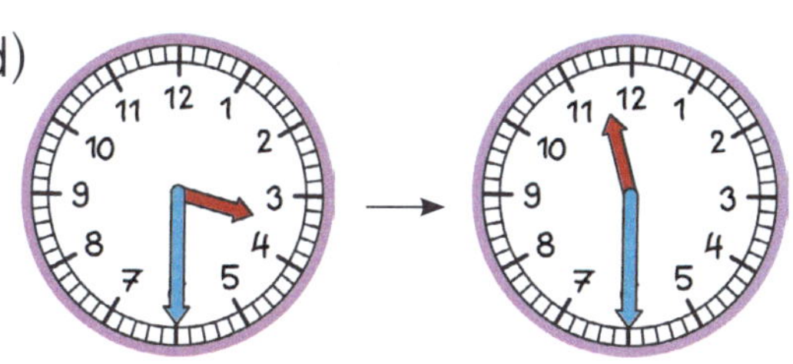

______ Uhr ——→ ______ Uhr

2 Verschiedene Lösungen möglich bei Berücksichtigung der zweiten Tageshälfte.

S. 64

Datum: ______________

1

Beginn	Dauer	Ende
13.00 Uhr	2 Stunden	15.00 Uhr
16.00 Uhr	2 Stunden	
19.30 Uhr	2 Stunden	

2 Wie spät ist es

a) in 2 Stunden,

18.00 Uhr	20.00 Uhr
2.00 Uhr	
9.00 Uhr	
21.00 Uhr	

b) in 5 Stunden,

6.45 Uhr	
12.10 Uhr	
14.05 Uhr	
17.50 Uhr	

c) in 8 Stunden?

15.00 Uhr	
1.40 Uhr	
6.35 Uhr	
10.55 Uhr	

3 a) Wie spät war es vor 3 Stunden?

8.00 Uhr	11.00 Uhr
	17.00 Uhr
	23.00 Uhr
	5.00 Uhr

b) Wie spät war es vor 4 Stunden?

	22.10 Uhr
	8.30 Uhr
	13.45 Uhr
	19.20 Uhr

4 Wie spät war es, wie spät ist es?

Vor 2 Stunden ______________

In 3 Stunden ______________

In 30 Minuten ______________

Vor 30 Minuten ______________

Vor 5 Stunden ______________

In 2 Stunden ______________

In 1 Stunde 30 Minuten ______________

Vor 10 Minuten ______________

19 D-F

S. 64

4 Verschiedene Lösungen möglich bei Berücksichtigung der zweiten Tageshälfte.

Zeit – Sachaufgaben

Datum: ____________

1 a) Das Sportfest beginnt um 8.30 Uhr und endet um 12.30 Uhr. Wie lange dauert das Fest?

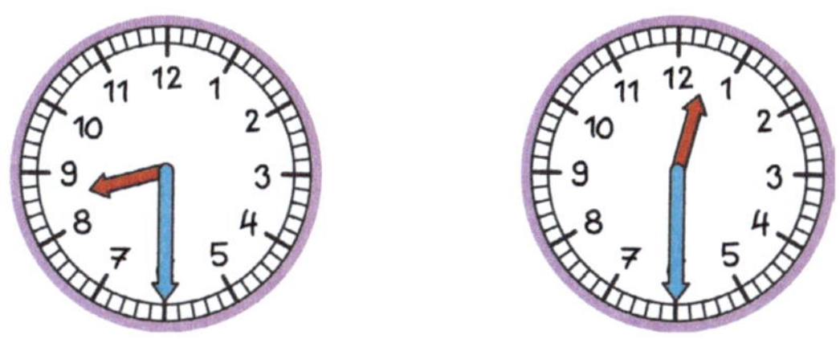

8.30 Uhr ⟶ 12.30 Uhr

Das Fest dauert ____ Stunden.

b) Die Pause dauert von 10.15 Uhr bis 10.30 Uhr. Wie lange dauert die Pause?

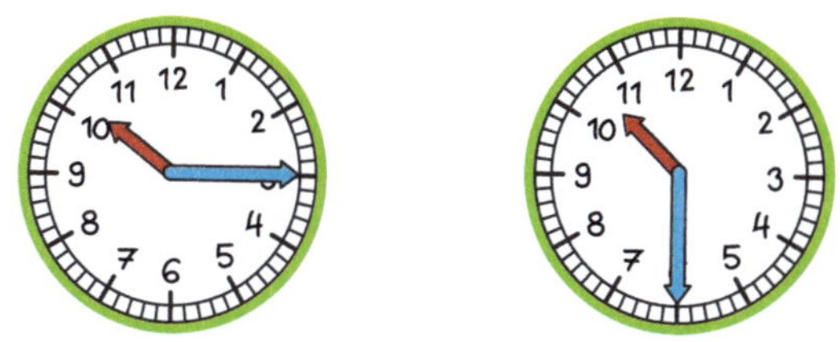

________ ⟶ ________

Die Pause dauert ____ Minuten.

2 Beim ersten 50-m-Lauf sind die Kinder folgende Zeiten gelaufen:

Mara 12 s   Emma 11 s   Lea 9 s

Ben 13 s   Dennis 10 s

1 **Sekunde** 1 s

Wer gewinnt? Gib die Reihenfolge der anderen Kinder an.

1. ________ 2. ________ 3. ________ 4. ________ 5. ________

3 Beim zweiten Lauf kommen die Kinder so in das Ziel:

Tim ist 3 s vor Lisa ins Ziel gekommen. Ella war 1 s langsamer als Tim. Kerem brauchte 1 s mehr als Ella. Lisa ist die 50 m in 12 s gelaufen. Als Letzter kam Jona ins Ziel. Er war 3 s langsamer als Lisa. Selim war 2 s schneller als Jona.

a) Schreibe die Zeiten der Kinder auf.

Tim ____ s   Kerem ____ s   Lisa ____ s

Selim ____ s   Ella ____ s   Jona ____ s

b) Schreibe die Reihenfolge auf. Beginne mit dem schnellsten Kind.

____

Datum: ____________

2022

	Januar	Februar	März	April	Mai	Juni
Mo	3 10 17 24 31	7 14 21 28	7 14 21 28	4 11 18 25	2 9 16 23 30	6 13 20 27
Di	4 11 18 25	1 8 15 22	1 8 15 22 29	5 12 19 26	3 10 17 24 31	7 14 21 28
Mi	5 12 19 26	2 9 16 23	2 9 16 23 30	6 13 20 27	4 11 18 25	1 8 15 22 29
Do	6 13 20 27	3 10 17 24	3 10 17 24 31	7 14 21 28	5 12 19 26	2 9 16 23 30
Fr	7 14 21 28	4 11 18 25	4 11 18 25	1 8 15 22 29	6 13 20 27	3 10 17 24
Sa	1 8 15 22 29	5 12 19 26	5 12 19 26	2 9 16 23 30	7 14 21 28	4 11 18 25
So	2 9 16 23 30	6 13 20 27	6 13 20 27	3 10 17 24	1 8 15 22 29	5 12 19 26

	Juli	August	September	Oktober	November	Dezember
Mo	4 11 18 25	1 8 15 22 29	5 12 19 26	3 10 17 24 31	7 14 21 28	5 12 19 26
Di	5 12 19 26	2 9 16 23 30	6 13 20 27	4 11 18 25	1 8 15 22 29	6 13 20 27
Mi	6 13 20 27	3 10 17 24 31	7 14 21 28	5 12 19 26	2 9 16 23 30	7 14 21 28
Do	7 14 21 28	4 11 18 25	1 8 15 22 29	6 13 20 27	3 10 17 24	1 8 15 22 29
Fr	1 8 15 22 29	5 12 19 26	2 9 16 23 30	7 14 21 28	4 11 18 25	2 9 16 23 30
Sa	2 9 16 23 30	6 13 20 27	3 10 17 24	1 8 15 22 29	5 12 19 26	3 10 17 24 31
So	3 10 17 24 31	7 14 21 28	4 11 18 25	2 9 16 23 30	6 13 20 27	4 11 18 25

1 Lies die Anzahl der Tage aus dem Kalender ab.

1. Monat: Januar 31 Tage
2. Monat: ____________
3. Monat: ____________
4. Monat: ____________
5. Monat: ____________
6. Monat: ____________
7. Monat: ____________
8. Monat: ____________
9. Monat: ____________
10. Monat: ____________
11. Monat: ____________
12. Monat: ____________

2 Die Faustregel hilft, dir die Anzahl der Tage zu merken.

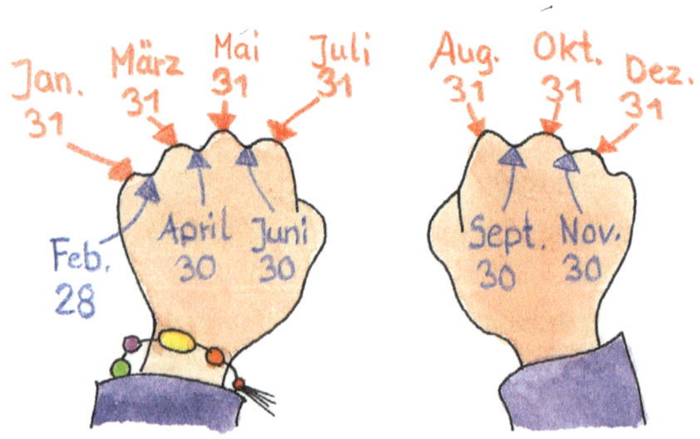

Die Jahre 2024, 2028 und 2032 sind Schaltjahre. In Schaltjahren hat das Jahr einen Tag mehr. Der kürzeste Monat ist dann einen Tag länger. Welcher Monat ist es und wie viele Tage hat er dann?

____________ ______ Tage

3 Schreibe das Datum anders in dein Heft.

3 a) 3. Januar

a) 3.1.
26.9.
19.4.
7.12.

b) 20.3.
21.2.
23.8.
15.11.

c) 17. Juni
30. Mai
13. August

d) 14. Juli
9. November
28. Februar

Datum: ____________

Kalenderblätter aus dem Jahr 2023.

1 Trage Wochentag und Datum ein.

Montag 19 Juni	____ 20 Juni	____ ____ Juni	____ ____ Juni
____ 23 Juni	____ 24 Juni	Sonntag ____ Juni	____ 26 Juni

2 Heute ist der 10. Juni 2023. Welcher Wochentag ist es? ____________

Welcher Wochentag, welches Datum ist es?

a) In 2 Tagen ____________

b) In 3 Tagen ____________

c) In 7 Tagen ____________

d) In 10 Tagen ____________

e) In 14 Tagen ____________

3 a) Ergänze die Kalenderblätter für den Monat Juli.

Dienstag 4 Juli	Mittwoch 5 Juli	Donnerstag ____ Juli	____ 7 Juli	____ 11 Juli

b) Fülle den Kalender für den Monat Juli vollständig aus.

Juli 2023						
Montag	Dienstag	Mittwoch	Donnerstag	Freitag	Samstag	Sonntag
					1	____
____	____	____	6	7	8	9
____	____	____	____	____	____	____
____	____	____	____	____	____	____
____	____	____	____	____	____	____
____						

c) An welchen Tagen im Juli ist Montag, an welchen Dienstag, … ?

Montag: 3., ____________ Dienstag: ____________ Donnerstag: ____________

Freitag: ____________ Samstag: ____________ Sonntag: ____________

2, 3 **Recherche/Textverarbeitung:** Feiertage im Jahr 2023 oder im aktuellen Jahr ermitteln, Datum und Wochentag in eine Tabellen notieren, ggf. für eigene Aufgaben nutzen (Vorlage in der DiDox für Lehrer/-innen).

S3

S. 65

Längen

Datum: ____________

1 Was gehört zusammen?

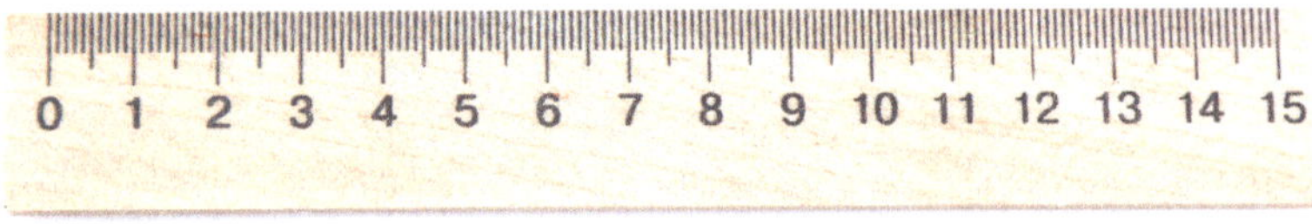

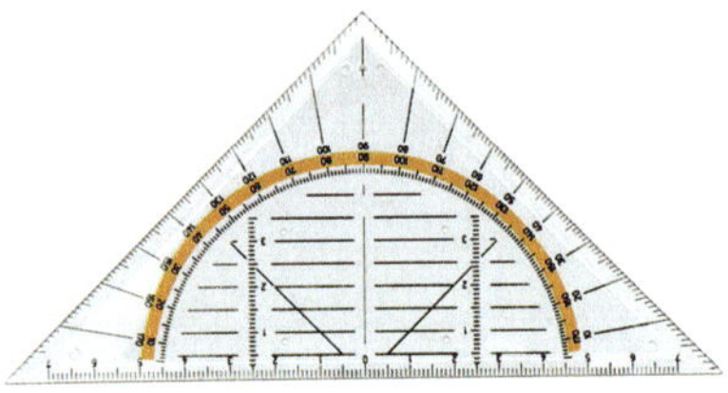

Geodreieck

Maßband

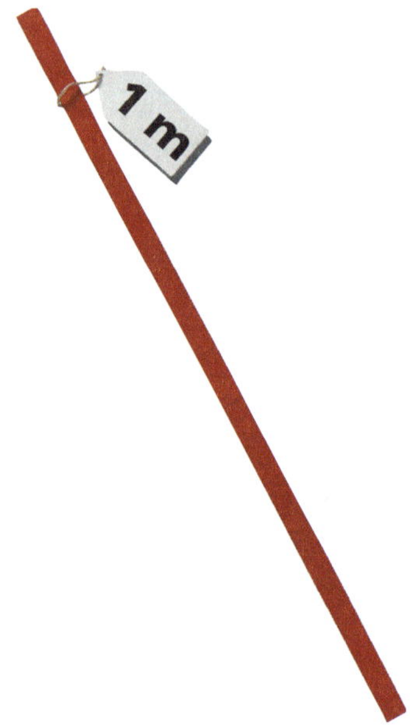

Zollstock

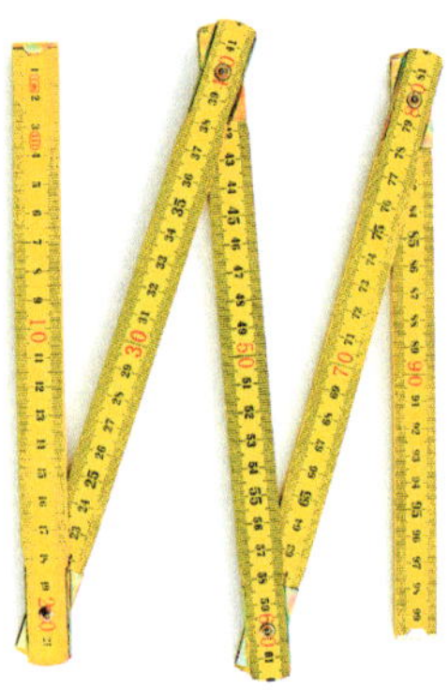

Lineal

Tafellineal

Meterstab

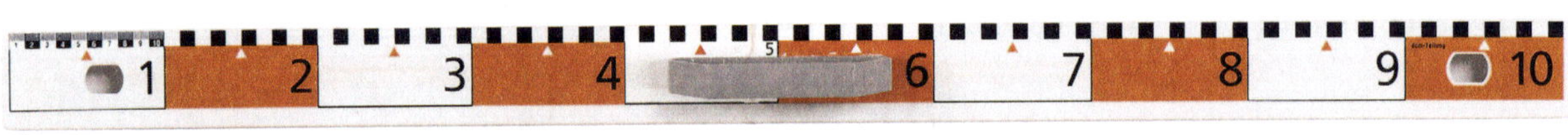

2 Wann braucht man diese Messgeräte?

3 Welche Längen kennst du?

Vorherige Bearbeitung Themenheft Addieren und Subtrahieren bis S. 63 empfohlen.

Längen – Meter und Zentimeter

1 Messt mit dem Meterstab oder der Meterschnur. Kreuzt an.

	kürzer als 1 m	genau 1 m	länger als 1 m
Breite des Fensters			
Höhe der Tür			
Tafellineal			
Höhe des Tisches			

2 Wer baut den höchsten Turm?

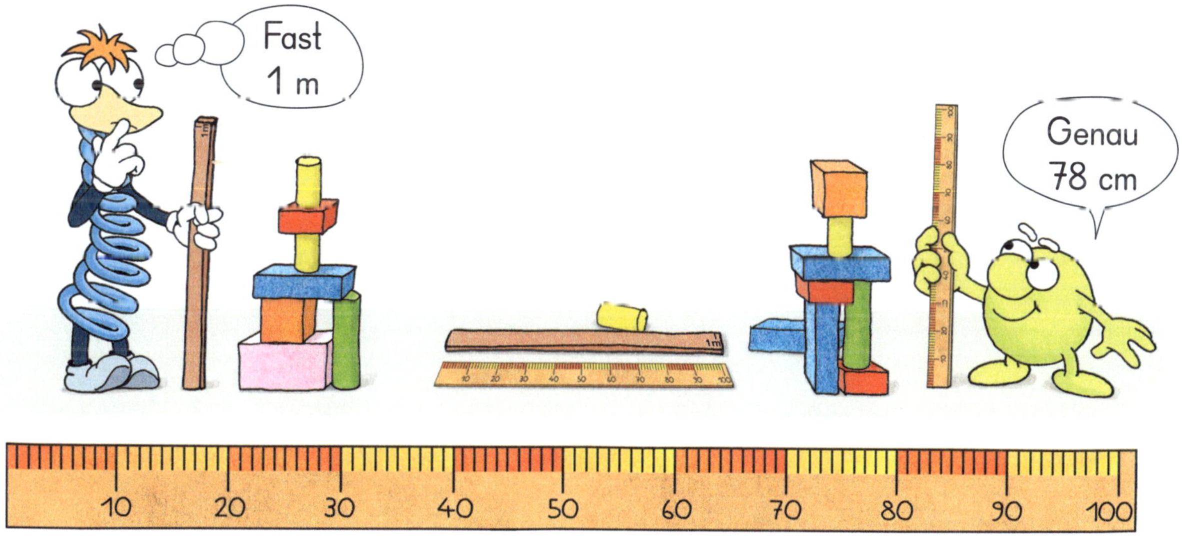

1 Meter hat 100 Zentimeter. 1 m = 100 cm

Datum: ____________

1 Wie lang sind die Gegenstände?

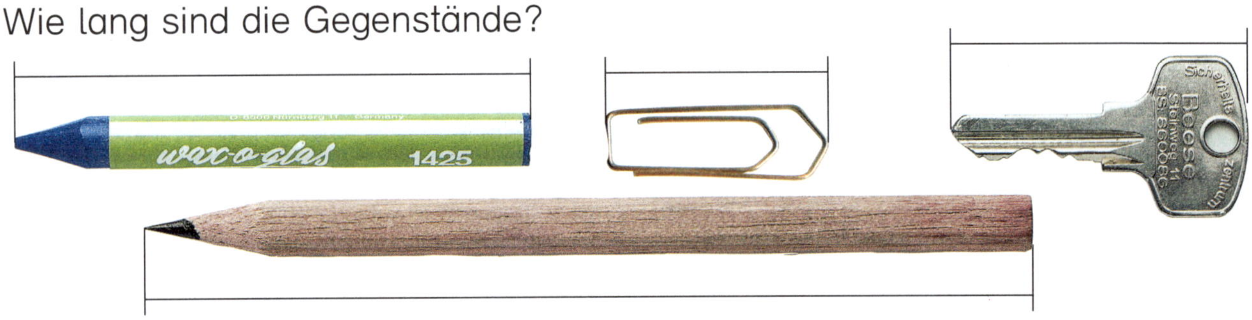

Der Wachsmalstift ist ____ cm lang. Die Klammer ist ____ cm lang.

Der Schlüssel ist ____ cm lang. Der Bleistift ist ____ cm lang.

2 Ordne die Nägel nach der Länge. Beginne mit dem kürzesten Nagel.

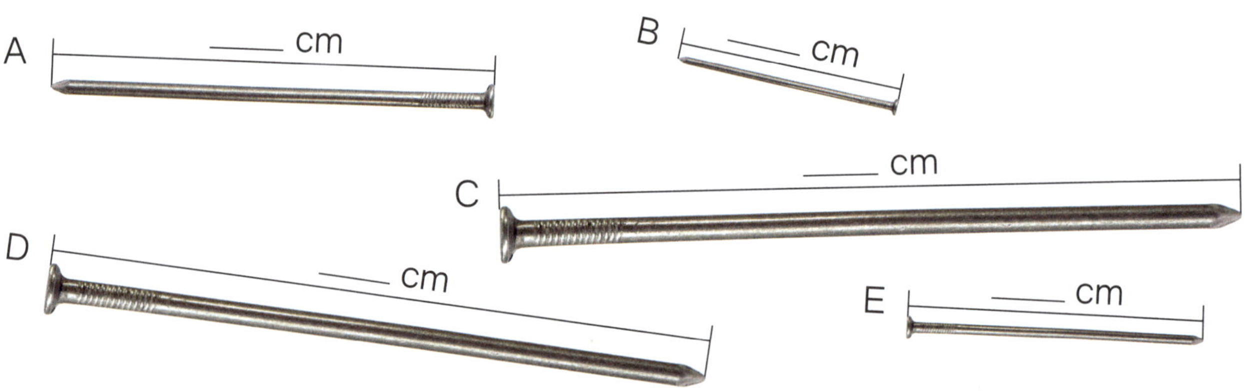

B: cm, ________________________________

3 Wie lang sind die Strecken?

a

b

c d

e

Strecke	gemessen
a	____ cm
b	____ cm
c	____ cm
d	____ cm
e	____ cm

Längen – Strecken messen und zeichnen

Datum: ______________

1 Zeichne Strecken. Der Anfang ist vorgegeben. Markiere das Ende.

a = 6 cm b = 13 cm c = 2 cm d = 9 cm e = 12 cm

a) ├──────── a

b) ├

c) ├

d) ├

e) ├

2 a) Zeichne ein Quadrat. Die Seiten sind 3 cm lang.

b) Zeichne ein Rechteck. Eine Seite ist 4 cm lang, die andere 6 cm.

3 Welcher ist der längste Weg? Messt.

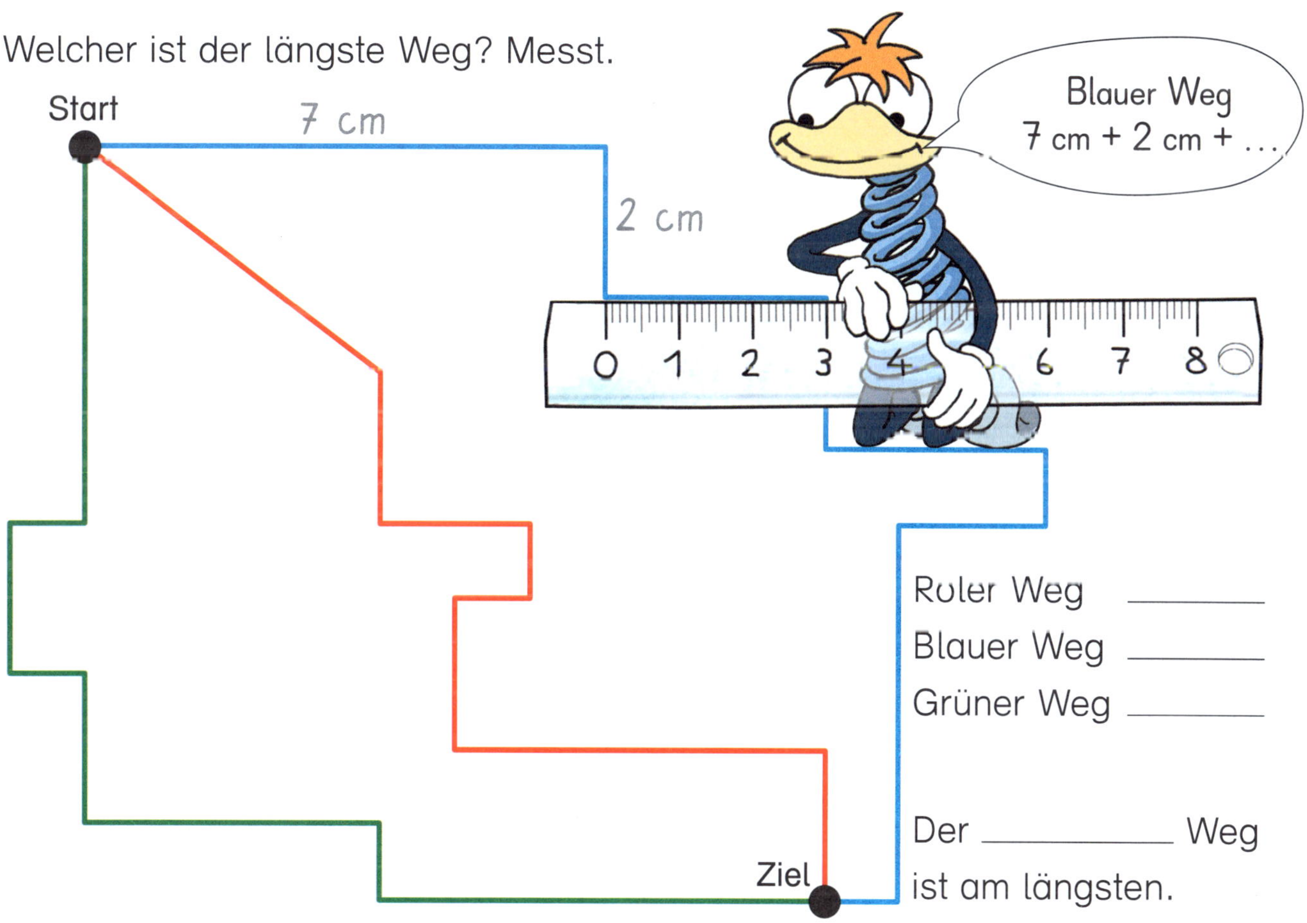

Roter Weg ______

Blauer Weg ______

Grüner Weg ______

Der ____________ Weg ist am längsten.

Datum: ______________

Auch mit Körpermaßen kannst du ziemlich genau messen.

Daumenbreite	Fingerspanne	Schrittlänge
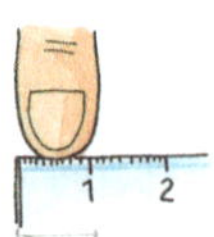	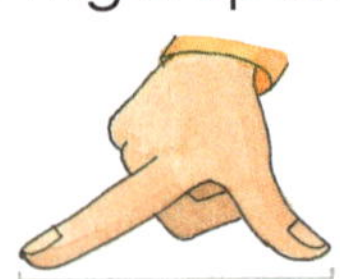	
1 cm	10 cm	1 m

1 Messt mit Körpermaßen.

	gemessen mit	Ergebnis
Breite des Tisches		
Länge des Klassenzimmers		
Länge des Radiergummis		

2 Welches Körpermaß ist hier zum Messen günstig?

	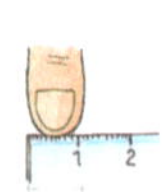 Daumenbreite	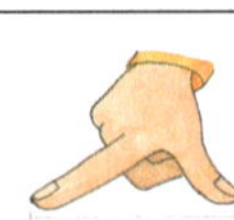 Fingerspanne	 Schrittlänge
Länge der Turnhalle			
Höhe des Schulranzens			
Länge des Bleistiftes			

Schätzen und messen

Datum: ______

1 Wie lang sind die Gegenstände in cm oder m ungefähr?

Gegenstand	Körpermaß	Länge ungefähr
Tischbreite	10 Fingerspannen	1 ___
Breite des Regals	2 Schritte	
Buntstift	___ Daumen	

2 Sucht Gegenstände, die ungefähr so lang sind.

1 cm ______________ 2 m ______________

1 m ______________ 10 cm ______________

3 In cm oder in m messen?

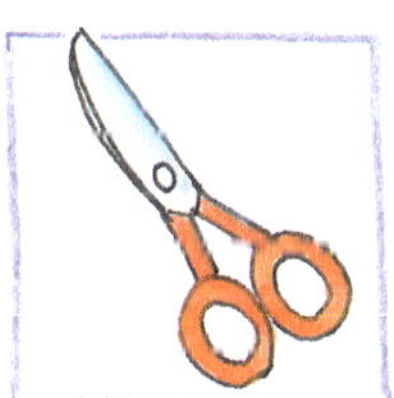

m ☐ cm ☐

m ☐ cm ☐

m ☐ cm ☐

m ☐ cm ☐

m ☐ cm ☐

4 m oder cm?

Mara hat neue Möbel für ihr Zimmer bekommen. Das Bett ist fast 2 ___ lang und 100 ___ breit. Zwischen Bett und Schrank sind 30 ___ Platz. Über dem Bett hängt ein Poster, es ist 70 ___ lang und 55 ___ breit. Der Schreibtisch ist fast 1 ___ breit. Der neue Hocker ist fast 40 ___ hoch.

2 **Fotografie:** Gefundene Repräsentanten der Längen fotografieren und präsentieren, ggf. ausdrucken und ein Merkplakat erstellen oder für eine digitale Pinnwand nutzen: Was ist 1 cm, 10 cm, 1 m lang?

S. 66

Datum: ____________

1 Ordne. Beginne mit der kleinsten Länge.

a) 10 cm 47 cm 100 cm 74 cm 39 cm 93 cm

10 cm < ________________________________

b) 52 cm 75 cm 18 cm 81 cm 25 cm 100 cm

____

2

80 cm + ____ cm = 1 m
75 cm + ____ cm = 1 m
90 cm + ____ cm = 1 m
95 cm + ____ cm = 1 m

25 cm + ____ cm = 1 m
50 cm + ____ cm = 1 m
85 cm + ____ cm = 1 m
99 cm + ____ cm = 1 m

3 Wandle um.

100 cm = 1 m
110 cm = 1 m 10 cm
125 cm = ________

150 cm = ________
175 cm = ________
180 cm = ________

185 cm = ________
200 cm = ________
195 cm = ________

4 Ordne. Beginne mit der kleinsten Länge.

1 m 25 cm 1 m 10 cm 1 m 35 cm 1 m 75 cm 1 m 90 cm

____

5 a) Trage die Namen und die Größe der Kinder in die Tabelle ein.
Beginne mit dem größten Kind.

Maria 1 m 32 cm
Felix 1 m 29 cm
Sara 1 m 18 cm
Murat 1 m 37 cm

Name	Größe

b) Was stimmt?

- ☐ Murat ist 5 cm größer als Maria.
- ☐ Sara ist 14 cm kleiner als Maria.
- ☐ Felix ist 11 cm kleiner als Sara.
- ☐ Murat ist 6 cm größer als Felix.

19 G-H
S. 67

Datum: ___________

1 Frau Abel ist mit Max und Ida im Zoo.
Vor 30 Minuten sind sie angekommen. Da war es ______ Uhr.
Um 12.00 Uhr ist wieder Affenfütterung. Bis dahin sind es noch _____ Minuten.

Die Seelöwenschau geht von ______ Uhr bis ______ Uhr.
Ida ruft: „Das sind ja _____ Minuten!"
Max möchte nach der Seelöwenschau noch den Rundweg gehen.
Ida meint: „Das wird zu spät. Dann sind wir erst um ______ Uhr am Ausgang."

Nach der Seelöwenschau wollen die Kinder zu den Pinguinen.
Am Kiosk sagt Max: „Ich muss mal zur Toilette."
Seine Mutter meint: „Das ist nicht weit. Es sind nur _____ Meter."

Dann besuchen sie die Pinguine. Auf den Steinen stehen große und kleine Pinguine. Der größte Pinguin ist 70 cm groß und der kleinste 35 cm.
Das sind _____ cm Unterschied.

Auf dem Weg zum Ausgang kauft Frau Abel für jedes Kind ein Eis und für sich eine Bratwurst. Sie bezahlt ______________.
Am Auto sagen alle: „Das war ein schöner Tag!"

Notwendige Informationen aus dem Bild entnehmen.

Datum: ____________

1 Was braucht ihr für euer Klassenfest?

Zum Bild erzählen.

Vorherige Bearbeitung Themenheft Addieren und Subtrahieren bis S. 45 empfohlen.

Sachrechnen – Fragen und Antworten

Datum: ____________

1

5 Kinder wollen kein Brötchen.	Wie viele Brötchen brauchen wir dann?	Wir brauchen ____ Brötchen.

2

Für jeden eine Brezel.	Wie viele Brezeln brauchen wir?	Wir brauchen ____ Brezeln.

3

Immer zehn Brezeln sind in einer Packung.	Wie viele ____________ ?	____________

4 Welche dieser Fragen kannst du nicht beantworten? Streiche sie durch.

A Wie viele Kinder essen Käsespieße?

B Wie lange dauert das Fest?

C Wie viele Personen kommen zum Fest?

D Wie viele Kinder trinken Tee?

5 Schreibe eigene Aufgaben zum Klassenfest in dein Heft.

Datum: ______

1 Was gehört zusammen? Male mit der gleichen Farbe an.

Im Korb sind 28 Hörnchen. Bäcker Meier bringt noch 30 frische dazu.

Es waren 37 Körnerbrötchen. Jetzt sind es nur noch 9.

Es sind noch 28 Käsebrötchen da. Frau Meier verkauft 15 Stück.

- Frage: Wie viele Hörnchen sind es jetzt?
- Frage: Wie viele Milchbrötchen isst Frau Schulz?
- Frage: Wie viele Käsebrötchen sind es jetzt?
- Frage: Wie viele Körnerbrötchen wurden verkauft?

- Lösung: 37 – ____ = 9
- Lösung: 28 + 37 = ____
- Lösung: 28 – 15 = ____
- Lösung: 28 + 30 = ____

- Antwort: Es wurden ____ Körnerbrötchen verkauft.
- Antwort: Bäcker Meier ist 65 Jahre alt.
- Antwort: Jetzt sind es ____ Hörnchen.
- Antwort: Jetzt sind es ____ Käsebrötchen.

S. 68

Eine Frage, eine Lösung und eine Antwort bleiben übrig.

Datum: ____________

1 Finde jeweils eine Frage, Lösung und Antwort.

a)

Im Korb sind 16 Brötchen.
Bäcker Meier bringt noch
50 frische Brötchen dazu.

Frage: Wie viele Brötchen sind es jetzt?

Lösung: ____________

Antwort: Jetzt sind es ____ Brötchen.

b)

In der Auslage liegen
24 Kekse. Bäcker Meier
bringt noch 30 Kekse dazu.

Frage: ____________

____

Lösung: ____________

Antwort: ____________

____

2 a) Im Korb liegen 22 Brötchen.
Frau Nowak kauft 6 Brötchen.

b) Im Korb liegen 24 Hörnchen.
Herr Walter kauft 8 Hörnchen.

c) In der Auslage liegen
12 Stücke Apfelkuchen.
Bäcker Meier bringt noch
20 Stücke dazu.

2 a) F.: Wie viele Brötchen sind es jetzt?
L.: 22 – 6 = ____
A.:

3 a) Für das Klassenfest kauft
Herr Zier 35 Mohnbrötchen
und 50 Sesambrötchen.

b) Amina kauft mit ihrer Mutter
25 Hähnchenspieße und
30 Würstchen.

4 Schreibe eine eigene Rechengeschichte in dein Heft.
Dein Partnerkind schreibt eine Frage, Lösung und Antwort auf.

Datum: ____________

1 Heute wollen Yunus und seine Mutter in das Museum.

1) F.: Wie viel Euro müssen sie bezahlen?
L.: ____________________
A.: ____________________

2 Am Nachmittag wollen Herr und Frau Müller mit Kira und Max in das Museum.

3 Pia feiert ihren Geburtstag mit fünf Freundinnen und ihrer Mutter im Museum.

4 Frau Lami geht mit ihren Kindern in das Museum. Sie zahlen zusammen 19 € Eintritt.

5 Die Klasse 2a der Astrid-Lindgren-Schule kommt um 11.00 Uhr am Museum an. Sie bleiben vier Stunden im Museum.

5) F.: Wann fahren sie wieder zurück?
L.: 11.00 Uhr —4 Stunden→ ______ Uhr
A.: ____________________

6 Die Klasse 2b kommt um 9.00 am Museum an. Um 13.30 Uhr fahren sie wieder zurück.

S. 69

Datum: ____________

1 Wie viele verschiedene Möglichkeiten gibt es, Hemden und Hosen zu kombinieren? Male an.

Es gibt ____ verschiedene Möglichkeiten.

2 Es gibt auch noch rote und gelbe Kappen. Wie viele verschiedene Möglichkeiten gibt es, Kappen, Hemden und Hosen zu kombinieren?

Es gibt ____ verschiedene Möglichkeiten.

3 Sport Meier hat die Hemden in vier Farben und die Hosen in drei Farben.

a) Wie viele Möglichkeiten gibt es, Hemden und Hosen zu kombinieren?
Es gibt ____ Möglichkeiten.

b) Schreibe zu deiner Lösung eine Malaufgabe: ____________________

4 Sport Schulte hat Hemden in sechs Farben. Frau Schulte sagt:
„Ich kann Hemden und Hosen auf 18 verschiedene Weisen kombinieren."
In wie vielen Farben gibt es die Hosen bei Sport Schulte?
Die Hosen gibt es in ____ Farben.

4 Lösung kann rechnerisch oder zeichnerisch gefunden werden.

Vorherige Bearbeitung Themenhefte Addieren und Subtrahieren bis S. 45 und Multiplizieren und Dividieren bis S. 26 empfohlen.

S. 70

Datum: ______________

1 Welche Farbe kommt wohl häufiger?

Blau ☐ Rot ☐

2 Welche Farbe kommt wohl häufiger?

Gelb ☐ Grün ☐

3

4 a) Was ist möglich?

- ☐ Lara zieht eine rote Kugel.
- ☐ Lara zieht eine grüne Kugel.
- ☐ Lara zieht eine blaue Kugel.

b) Was ist sicher und was ist unmöglich?

5 Was ist wohl wahrscheinlicher?

☐ Beim Würfeln eine 6 zu würfeln

oder

☐ beim Werfen einer Münze die Zahl zu bekommen?

Zufallsexperimente handelnd durchführen.
3 Über das Bild sprechen und die Begriffe handelnd nachvollziehen.

Datum: ____________

1

Treffer

Tina	卌 IIII	T
Linh	卌 卌 I	L
Erol	卌 II	E
Björn	卌 卌	B
Karla	卌 III	K

Für jeden Treffer ein Kästchen.

2

Zeichne ein Streifenbild für die Verkäufe.

Für jeden Verkauf ein Kästchen.

Brezeln
Würstchen
Obstspieße
Käsespieße

3

Getränke – Ein Kästchen für eine Flasche.

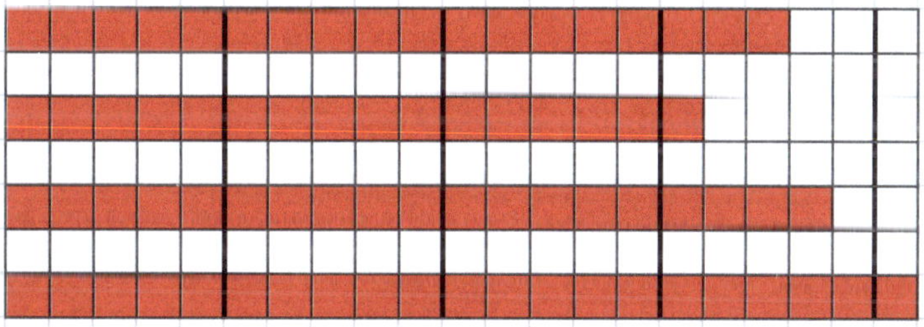

	Apfelsaft	Orangensaft	Wasser	Limo
Flaschen	18			

4 Fragt jedes Kind in eurer Klasse nach seinem Lieblingsgetränk.
Zeichnet ein Streifenbild.

S6

S. 71

1

1 a) 4 ct,

a) Welche Beträge von 1 ct bis 60 ct kannst du **nicht** legen? Benutze jede Münze nur einmal.

b) Zwei Münzen fehlen, damit du alle Beträge von 1 ct bis 60 ct legen kannst. Welche können es sein?

2 Fabian und Nele haben zusammen mehr als 15 €, aber weniger als 20 €.

Wie viel Euro hat Fabian? Wie viel Euro hat Nele?
Finde zwei Möglichkeiten.

3 Wann haben Paul, Emir und Hanna Geburtstag?

__________ __________ __________

1 Die Aufgabe eignet sich im Anschluss an Seite 6. **1b** Es gibt vier Lösungen.
2 Die Aufgabe eignet sich im Anschluss an Seite 9.
3 Die Aufgabe eignet sich im Anschluss an Seite 23.

4 Wie alt sind Luis, Kim und Ida?

Luis, Kim und Ida sind zusammen 21 Jahre alt.

Ida ist ein Jahr jünger als Luis.

Luis ist ein Jahr jünger als Kim.

Kim ist zwei Jahre älter als Ida.

Luis: ____ Jahre
Kim: ____ Jahre
Ida: ____ Jahre

5 Wie weit sind die Ameisen von ihrem Ameisenhügel entfernt?

Ameise D ist 10 cm näher am Hügel als Ameise C.

Ameise A ist dreimal so weit vom Hügel entfernt wie Ameise C.

Ameise B ist 60 cm vom Hügel weg.

Ameise C ist halb so weit vom Hügel entfernt wie Ameise B.

6 Die Klasse 2 c bastelt Wimpelketten. Wie viele verschiedene Wimpelketten können die Kinder basteln? Beachte die Regeln.

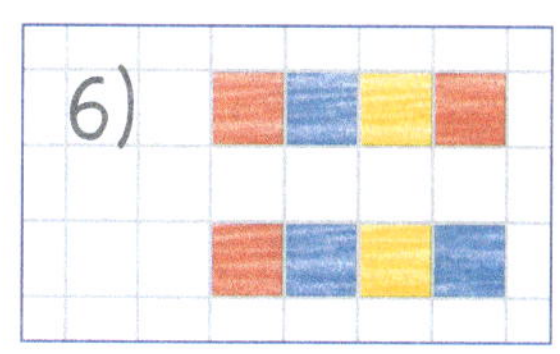

Jede Kette hat vier Wimpel.

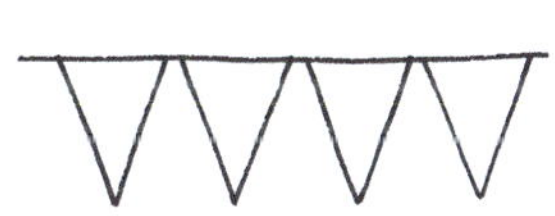

Die Wimpel sind rot, gelb und blau.

Jede Farbe muss in der Kette vorkommen.

Gleiche Farben dürfen nicht nebeneinander sein.

4 Die Aufgabe eignet sich im Anschluss an Seite 23, kann jedoch auch früher eingesetzt werden.
5 Die Aufgabe eignet sich im Anschluss an Seite 30.
6 Die Aufgabe eignet sich im Anschluss an Seite 37.

Fachwörter und Redemittel

Geld

Euro und **Cent**

1 Euro hat 100 Cent.
1 € = 100 ct

- **€** Euro
- **ct** Cent

Zeit

Stunde und **Minute**

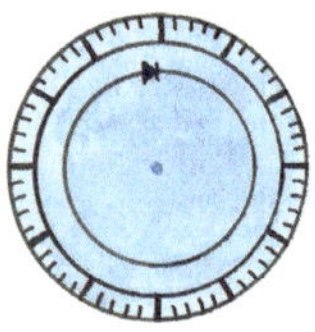

1 Stunde hat 60 Minuten.
1 h = 60 min

- **h** Stunde
- **min** Minute
- **s** Sekunde

Uhrzeit ablesen

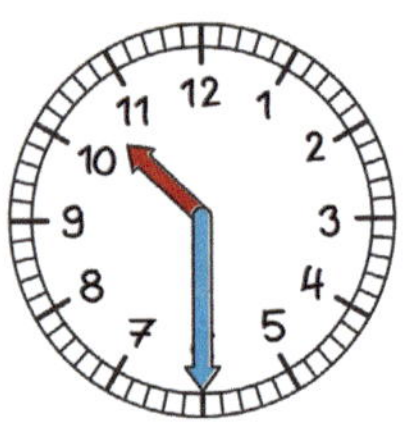

10.30 Uhr
22.30 Uhr

10 Uhr 30 vormittags
oder
22 Uhr 30 abends

Viertel nach 12

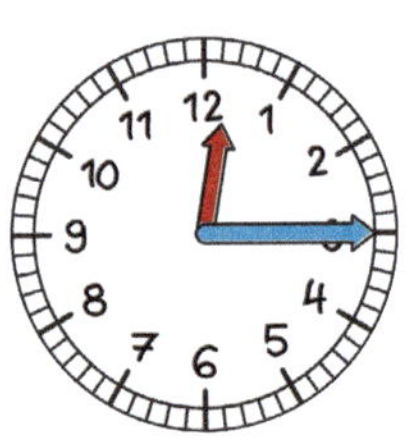

12.15 Uhr
0.15 Uhr

halb 1

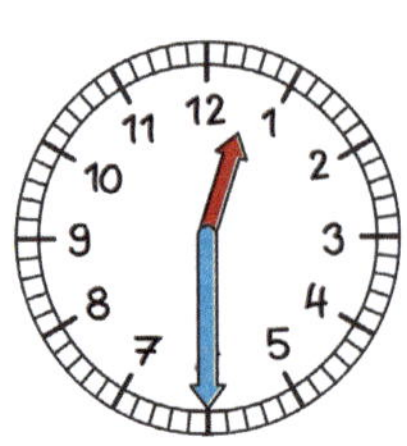

12.30 Uhr
0.30 Uhr

Viertel vor 1

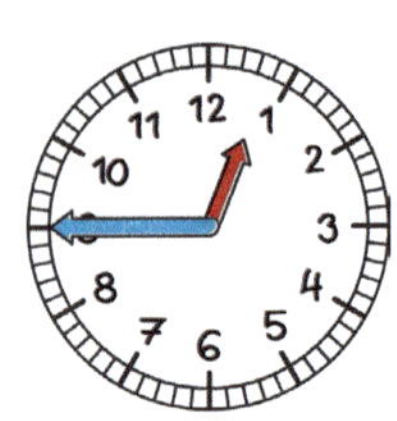

12.45 Uhr
0.45 Uhr

Längen

Meter und **Zentimeter**

1 Meter hat 100 Zentimeter.
1 m = 100 cm

Schrittlänge

1 m

Daumenbreite

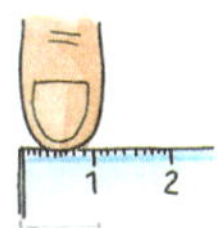

1 cm

m Meter

cm Zentimeter

Sachrechnen – Daten und Zufall

sicher, möglich, unmöglich

Sicher ist:
Tim zieht nur rote und gelbe Kugeln.

Möglich ist:
Tim zieht eine gelbe Kugel.

Unmöglich ist:
Tim zieht eine blaue Kugel.

Flex und Flo für das 2. Schuljahr

MATERIALIEN FÜR SCHÜLERINNEN UND SCHÜLER

Addieren und Subtrahieren 2 .... 978-3-14-**118106**-7
Multiplizieren und Dividieren 2 .... 978-3-14-**118107**-4
Geometrie 2 .... 978-3-14-**118108**-1
Sachrechnen und Größen 2 .... 978-3-14-**118109**-8

Lernpaket 2
4 Themenhefte + Beilagen 978-3-14-**118110**-4
BiBox für Schüler/-innen WEB-14-**118122**

ZUSATZMATERIALIEN
Trainingsheft 2 .... 978-3-14-**118162**-3
Trainingsheft Interaktiv 2 .... WEB-14-**118180**

Themenhefte inklusiv B
Zahlen bis 20 (B) 978-3-14-**118413**-6
Rechnen bis 20 (B) 978-3-14-**118414**-3
Geometrie (B) 978-3-14-**118415**-0
Sachrechnen und Größen (B) 978-3-14-**118416**-7

Lernpaket inklusiv B
4 Themenhefte + Beilagen 978-3-14-**118412**-9

MATERIALIEN FÜR LEHRERINNEN UND LEHRER

Handreichung 2 .... 978-3-14-**118111**-1
BiBox für Lehrer/-innen 2, *Einzellizenz* WEB-14-**118123**
Kollegiumslizenz WEB-14-**118125**
Kopiervorlagen 2 .... 978-3-14-**118152**-4
Förder-Kopiervorlagen 2 .... 978-3-14-**118154**-8
Forder-Kopiervorlagen 2 .... 978-3-14-**118156**-2
Lernwege-Karten 2 .... 978-3-14-**118160**-9
Diagnoseheft 2 .... 978-3-14-**118149**-4
Entdeckerkartei 2 .... 978-3-14-**118161**-6

10 Sätze Einmaleins-Tafel 978-3-14-**118185**-2